U0484857

匠人精神 II

追求极致的日式工作法

家具职人、『秋山木工』代表

[日] 秋山利辉 著

中信出版集团 | 北京

图书在版编目（CIP）数据

匠人精神. 2, 追求极致的日式工作法 /（日）秋山利辉著；陈晓丽译. — 北京：中信出版社, 2017.6（2022.8 重印）

ISBN 978-7-5086-6848-2

I. ① 匠… II. ① 秋… ② 陈… Ⅲ. ①成功心理－通俗读物 Ⅳ. ①B848.4-49

中国版本图书馆CIP数据核字（2016）第 249190 号

书名原文：丁稚のすすめ——夢を実現できる、日本伝統の働き方

匠人精神Ⅱ：追求极致的日式工作法

著者：[日] 秋山利辉（秋山利輝）
译者：陈晓丽
出版发行：中信出版集团股份有限公司
（北京市朝阳区惠新东街甲 4 号富盛大厦 2 座　邮编　100029）
承印者：北京盛通印刷股份有限公司

开本：880mm × 1230mm　1/32　　印张：6.75　　字数：140 千字
版次：2017 年 6 月第 1 版　　印次：2022 年 8 月第 19 次印刷
书号：ISBN 978-7-5086-6848-2
定价：56.00 元

图书策划：活字文化

服务热线：400-600-8099
投稿邮箱：author@citicpub.com

目录

序一　匠心精诚 传承爱敬 修身为本 重立人根　梁正中　ix
序二　学徒制——独特的人才培养方式　日比野大辅　xx
序三　匠人精神，当今时代的财富　陈晓丽　xxiii

前言　秋山利辉　1

第一章　我以家具工匠作为人生奋斗目标的原因

创立秋山木工的原因　8
贫困的少年时代　11
中学二年级时动手做了一只船　13
以成为工匠为目标去了大阪　17
被杂务缠身屈居人下的时代　20
首次跳槽　24
第二次跳槽去东京　27

在大型百货公司木工部就职，开始了工作、
学习和兼职的三重生活 30
创立秋山木工培养工匠 34

第二章 女孩也要剃光头 学徒十规则

不能正确进行自我介绍的人不被接受入社 42
入社之后，无论男女一律要剃成光头 45
禁止使用手机，联系方式仅限书信 49
仅在每年的盂兰盆节和过年时才能和家人见面 51
禁止父母提供生活补助或给零花钱 53
研修期间严禁谈恋爱 56
早晨5点之前起床，首先是长跑 58
料理大家做，吃不完要道歉 60
工作从扫除开始 63
早会上跟着朗诵“匠人须知三十条” 66
社长参与所有的活动 72
紧张的每一天，学徒的平均睡眠时间
为三至四小时 74
教导学徒“难得糊涂” 76
每天拿出101%的努力挑战工作 79

第三章 越是笨拙的人越能成为一流人才

第一份工作从家具的送货开始 82

前辈指导后辈 84

不是通过表扬而是通过批评来让人成长 88

当着后辈的面，批评前辈 92

越是手巧的人越容易早早辞职而去 96

越是笨拙的人越能拼命工作 100

严酷的学徒时代，有一些人中途开了小差 102

让学徒在绘图本上写报告 105

每年举办一次“研修生和工匠木工展览会” 116

以“日本第一”为目标，参加全国技能大赛 121

有些学徒四年后仍不能毕业 129

采用学徒制度才能培养“有修养的工匠” 133

第四章 毕业之后即让学徒离开会社

为什么学徒毕业后就让其辞职 140

会社指挥系统的弊端 144

也有集团成员会社减少的时候 146

在录用面试上踏踏实实下功夫 149

在父母和老师的配合下培养学徒 153
万一员工辞职，让他们先考虑好退路再请辞 159

第五章 成为真正工匠所必备的条件

当今时代需要“一流的工匠” 162
对于工匠来说重要的不是技术而是人品 166
能让人感动的工匠是真正的工匠 168
即使愚钝也要干得漂亮 172
“多管闲事”“厚脸皮”和“执拗”这三种精神 175
未来的秋山木工 180

序一

匠心精诚 传承爱敬
修身为本 重立人根

扫除道传习中心发起人 梁正中

2015年11月14日，秋山利辉先生的《匠人精神》在北大博雅国际酒店举办了隆重的首发式。73岁的秋山先生特别重视，此行带来夫人、儿子、侄子，以及两名爱徒和一众日本的追随者。身临盛况的诸君应该记得，活力四射的秋山先生登上讲台，面对几百位慕名而来的中国企业家，道出了他此行的心情：今天回“老家”，我内心无比激动。拙作能够在中国出版，回报中国，很受鼓舞。站在台上有些紧张，因为“匠人精神”乃至日本文化千百年来深受中国哲学文化影响。我和在场的许多嘉宾一样，为之动心、动容，掌声经久不息。

考虑到“匠人”这个字眼在中国可能和在日本地位不一，而后续二字“精神”又可能给人有牵强的“嫌疑”，所以在秋山先生来北京之前的一个月，我就和董秀玉老师、陈晓丽女士（本书译者）商量，决定请几年来因解读稻盛和夫经营心法而享誉国内工商界、传统文化界的智然老师和秋山先生联袂，在2015年11月13日，先行为百名企业家举办一天的“接心活动”。智然老师心目中的秋山木工是以造就一流的人为目的，而不仅仅是为了造好的家具。传承主要靠人品、靠德行，而不仅靠手艺、靠才能。秋山先生严选那些单纯而豁达的人作为入室弟子，这样的人本身能量大。育人过程中，他充分发挥亲情的巨大动力，通过八年研修，最大限度地强化学徒“爱人、帮人、尊敬人”的能力。匠人精神的培育，即是利他能力和能量的开发；而培养利他能力的下手处是从利益于父母开始。

诸多读者和企业家朋友读了《匠人精神》后不断地在追问：匠人精神的实质究竟是什么？日本有超过五万家的百年企业，这和匠人精神有关吗？匠人精神能在中国“春回大地”吗？感谢大家的热忱，是诸君迫切问道求道的心激发了我对匠人精神在日本的渊源，有缘做出更深的学习、思索和探求。2016年，我东渡扶桑十余次。除了向秋山先生当面请教，参加秋山木工一年一度的“修了式”（毕业典礼），我还与秋山木工的研究者探讨，他们心中的匠人精神是什么？从哪里来的？越深入，我越了解到，原来匠人精神的真谛是无法透过语言文字，或者和秋山先生见面，乃至到秋山木工现场访问就能弄明白的“东西”。而那最核心的“东西”，按秋山先生的说法，又主要是从中国传到日本的。爱刨根问底的我，于是乎一发不可收，开始大量阅读各种有关中日交流历史的书籍和资料，并穿行于日本，实地“考古”，似乎要开始一场“匠人精神”的源流考。

中日文化交流史上的重大画面渐渐浮现在眼前，慢慢地也看出了匠人精神前世今生的一点端倪。原来远在1400年前，圣德太子就开始派出遣隋使，引进中国的先进文化、制度，制定了影响深远的冠位十二阶（日本古代官制）和《十七条宪法》。630年，舒明天皇派出了第一批遣唐使。在630年—895年的260多年间，日本朝廷一共派出遣唐使19次。除3次未能成行，实有16次，对中日友好交流做出了巨大贡献。在遣唐的队伍中，最有影响力的当属空海和最澄两位僧家。空海法师于延历二十三年（804年，“延历”为日本天皇年号），与最澄法师随遣唐使入唐学法，访寺择师，后拜在青龙寺惠果法师门下，得到惠果法师倾囊相授。他回国时携回大量的佛教经典，并于高野山开创日本最大佛教宗派——真言宗，深刻地影响了日本文化，被世人尊为弘法大师。最澄因在鉴真生前弘法的东大寺具足受戒，并学习鉴真带来的天台宗经籍，而萌发了入唐求法的愿望。唐贞元二十年(804年)，他经日本天皇批准，随日本第十二次遣唐副使石川道益抵中国，师从天台十祖兴道道邃研习天台教观。回到日本后，在比睿山大兴天台教义，正式创立日本佛教天台宗。除了派遣唐使，日本也盛情力邀中国的大德高僧赴日传法，鉴真大师就是其中最杰出的代表。自公元742年，中国律宗高僧鉴真应日本僧人邀请，先后6次东渡，历尽千辛万苦，终于在754年到达日本，传播博大精深的中国文化，促进了日本佛学、医学、建筑和雕塑水平的提高，至今仍深受中日人民的尊敬。

宋元时期，中日禅僧的互动交流日益频繁，大量一流的法和器随着一流心性的人，流入日本，并迅速落地生根、开枝散叶。禅宗思想和以禅乐为主导的“五山十刹”和“五山文学”、禅僧对宋学的传播，对日本武士占支配地位的幕府体制的巩固和“武士道”的形成，对协调朝廷“公家”、幕府“武家”和佛教“寺家”三者之间的关系，起到直接和间接的影响。在入宋的僧家中，荣西禅师曾两度入宋求法，依止天台山万年寺虚庵怀敞禅师学禅。参究数年后，终于悟入心要，得虚庵禅师的印可，继承了临济正宗的禅法。自宋归国后即全力倡弘禅法，后由于得到幕府的支持，使临济宗愈见兴隆，故荣西被尊为日本临济禅门祖师，历史上有“临济幕府”一说。由于茶具有遣困、消食、快意的功效，故宋朝禅林逐渐有吃茶的风气、吃茶的礼仪，行法更成为禅门“接心”的重要一环，于是有“茶禅一味”的说法。荣西又是首位将宋朝禅院茶风引进日本的高僧。荣西晚年(建历元年，1211年)撰写的《吃茶养生记》，奠定了他日本茶道鼻祖的地位。

在荣西圆寂前一年，日本京都村上天皇第九代后裔，内大臣久我通亲之子，15岁的希玄道元被人带到荣西身边问法，历史记录下了如下的场景：已经过了74岁的荣西眉毛雪白，但宽阔清秀的额头之下那炯炯有神的目光仍然像箭一样锐利。“公胤大人介绍来的吧，找我有什么事？”道元说出了一直压在胸中的疑问：“经典里说，人生来就是有悟的。但是那样的话，为什么三世诸佛还要下决心刻苦修行呢？我也听说过修行无用的说法。另外，虽然大家都说佛教的终极是悟，但是悟是什么东西呢？”荣西紧紧地抿着嘴听着，道元把话说完了，他没有马上开口。对于荣西的沉默，不知为何，道元感觉到了一种无形的重力把自己压倒在地。突然他的头顶上响起巨大声响，其冲击力仿佛把道元的身体都穿透了。那是荣西的一声大喝！那声音，谁也无法想象是从老僧那病中瘦弱的躯体中发出来的，那强烈的冲击，仿佛出其不意地在头上炸响了一声巨雷。荣西的一喝，让道元直觉到佛教里还有别的世界。那一喝刺入肺腑，带有一种不可思议的力量，将迄今为止的经验瞬间统统抹去，还带有一种穿透身体的快感，充盈着一种人类无法想象的力量。荣西认为，只重视从经典中得到字面的知识是危险的。他指出佛道并不仅存在于学问和知识中，还必须从自己的自觉、从身体中体会“悟”。

九年后，24岁的道元入宋求法。在中国参学四年，其间曾参临济宗无际了派，又参浙翁如来、翠岩盘山等高僧。其两度参天童山长老如净，因“只管打坐，得身心脱落”，而识得本心，道出“当下认得眼横鼻直，不为人瞒，便空手还乡”。终获“了却一生之大事”，并得如净长老授佛祖正传大戒，奉承嗣书，于宝庆三年（1227年）返回东瀛。其后，开创永平寺，作为日本曹洞宗的始祖，在山林禅居的环境中，以接引一个半个信众为志，法灯代代相传，至今已79代。如今大大小小的曹洞宗寺庙分布于日本的名山大川和大街小巷，据说已然过万座。永平寺前石柱上之禅语“杓底一残水，汲流千亿人”，正是曹洞宗亲民、普及的最佳写照，据称其在日本拥有一千万信徒。曹洞宗严格秉持宋风，通过坐禅的实践得到身心安宁，当下即佛身。同时，把坐禅的精神安住在如法“行住坐卧”的生活中，在每天工作、生活中善用其心，在人与人相处中寻找喜悦，这是曹洞宗追求的生活方式。由于曹洞宗亲民、简易、日用，故有“曹洞平民”一说。

20世纪，曹洞宗居然漂洋过海，走进了西方世界，并影响着越来越多的西方人，其中最著名的一位西方信徒便是苹果公司的创办人乔布斯。乔布斯曾经说，禅是让他的意识觉醒的主要因缘。乔布斯年轻时读过许多禅修的书籍，其中尤以铃木俊隆禅师的《禅者的初心》(*Zen Mind, Beginner's Mind*)对乔布斯的影响最大。乔布斯与他的大学好友丹尼尔·寇特克(Daniel Kottke)都喜欢禅学，并相约到印度旅行。他们发现印度人民经济上贫困，心灵上却富足。乔布斯从印度旅行回来后，终于有机会见到了他心仪已久的《禅者的初心》作者铃木俊隆。铃木俊隆是旧金山禅修中心的创建人，每个星期三，都会在禅修中心带领大家禅修，并做开示。乙川弘文原来负责协助铃木俊隆，后来铃木俊隆就请乙川弘文另办一所可以每天都开放的禅修中心。乔布斯就这样跟乙川弘文学法，成为他的弟子。乙川弘文为日本曹洞宗僧侣，1967年他从日本远赴美国传法，并成为乔布斯生命中十分重要的禅宗导师。

中日之间的佛教文化交流直至明清乃至近现代仍在进行。日本以“进贡”的名义与明朝开展的勘合贸易中，担任正使、副使入明的几乎全是禅僧；还有担任其他事务的僧人，他们在完成出使任务外，有的还从事佛教及其他文化艺术的交流。明清之际，来自中国的高僧隐元隆琦(1592—1673)，应请赴日传法，在临济、曹洞之外创立了黄檗宗，至今已59代。全日本大约有800座黄檗宗寺院。近代以后，日本借鉴西方人文科学研究方法研究佛教取得众多成果。这些成果也陆续传到中国，对中国的佛教乃至人文科学的研究也产生较大影响。

从圣德太子到隐元隆琦，这一千年的潜移默化，对日本的影响何止佛法禅宗、文物典章，因之而沿袭成风乃至卓然立宗之文化已遍及各行各业，生活的方方面面。茶道、花道、剑道、书道、菓子道、料理道、扫除道、木之道、禅庭院道，不一而足，真有点头头是道的意味。唐宋间中国佛门龙象悟得、证得的“道在平常日用”人类生命之巅峰活法，居然如此深远而扎实地在日本开花结果。原来哪怕是平常日用，只要入了道，便有了不灭的精神。一路上，从参访鉴真大师的唐招提寺到空海大师的高野山，再挂单道元禅师的永平寺，“万古长空，一朝风月”一句便如荣西那一喝印在我的心上。我仿佛看到一两千年来数以万计的中日仁人志士为了那“一大因缘”之传播、传承，抛生忘死。因为大事已明，生死已了？透底的心田中，才能流淌出如此独步天下的境界、格局。不立文字，而留下如此美好的生命体验与超越时空之精神。正如《华严经》所云：心如工画师，能画诸世间。五蕴悉从生，无法而不造。

原来除参禅、打坐外，吃饭、喝茶、木工、扫地，处处有禅机，当下便是真心。在日本的这场“活法大戏”演出还没有停止，不满足于从书上看、门外看，经不住“诱惑”，我一路不停地去参访日本“平常日用”的高人、道人并体验和品味其中的道道。从黄檗宗大本山万福寺刀根女士的茶道、花道、普茶料理，到东京都东城百合子老先生的天道生活料理道，再到键山秀三郎先生的扫除道，处处在在俱足“敬事如神，待客如亲”的心。最有趣的经历，是通过延请日本禅庭院设计泰斗、建功寺第18代住持枡野俊明为我建造禅庭院，有缘近距离观察、研究参与庭院建设及配套各方，包括传承了25代的植藤造园，传承了58代的石匠（西村家），成立于1700年的安井木工（原为山城国宫大工匠）等。我发现在所有这些“知名品牌”的背后，总有一个或一代又一代像秋山先生一样的人，他们被大家在背后尊称为“真物”。

而这些“真物”一生悬命、至诚不息地“生活、工作”，只为历事磨炼出真心，并把这种精神传给下一代。确如《庄子·渔父》所云：真者，精诚之至也。不精不诚，不能动人。于是乎，一年多来围绕“匠人精神”的源流考，我所展开的“读万卷书”、“行万里路”、“高手指路”、“自己体悟”，渐渐柳暗花明。原来：匠心精诚。

2016年11月12日，在大阪的皇家公园酒店，我和日比野先生、麻田女士、陈晓丽等一行，对秋山木工匠人精神，及其匠人精神的传承与教法做了初步总结。

【一人定国】 首先要有秋山先生这样的“一人”，即“真物”。秋山先生知行合一，创办秋山木工的发心至善无私，律己持家甚严。跟他相处，无时无刻不感受到他心的力量。同时秋山先生又是日本最一流的木工匠人，可谓德艺双馨。而且这位严厉的老师从早到晚都战斗在工作现场，对每位学徒的状态，尤其是心态洞若观火。

【唤醒良知 发挥良能】 秋山先生的风格一如禅宗师父，非棒即喝。棒喝无非为了唤醒徒弟们已经沉睡的本心直觉。从“匠人须知三十条”到每日工作，都是把人聚焦在现场、当下。当下的力量和能量（Power of Now）正是匠人之“精”。精，即精气、真气。东方的创造是内向的，即精神内守、聚精会神于当下，方能和所连接的物产生一体之真心，由此唤起徒弟本有的直觉良知。这样练功才有一个正确的路头。借由诚意的功夫，十年、二十年、三十年如一日，乃至“一生悬命”，良能便大放异彩。用最传统的手工工具、拒绝机械化的设备、禁用智能手机，都是为让徒弟深入开发自己内在的良知、良能。这一套真和达摩来东土“发明心地，打开本来（的良知、良能）”有异曲同工之妙。而封闭的环境，断绝了徒弟向外求索的一切可能，诱发出“人之初，性本善”的源头活水。正如禅宗云：无一物中无尽藏，有花有月有楼台。我不由回忆起，前几年有缘亲近的中国禅门巨匠、百岁高僧德林老和尚。老人家从年近七十开始，三十年如一日地一砖一瓦、一草一木，中兴临济宗大道场高旻寺。用传统工具，没有画一张设计图，造出了令人叹服、规模宏大的庙宇建筑群。这真是最究竟、透底的事上磨炼。历事以练心，心真而后事实。相辅相成，循环往复，终至至善之地。

【教爱】 秋山先生时时教诲徒弟，除了技术外，必须不断提升自己的心性。没有替人着想和感恩的心，就无法获得真正的成长。在和人的相处中，要有感动他人的能力。而这种能力的源头是感动自己，感动父母。几十年和学徒朝夕相处，秋山先生发现：人品中最重要的是孝心，不孝顺的人不能成为一流的匠人。四年学徒，学生每天用日志拼命让父母、老师、学长了解自己白天的所作所为。父母为之感动，而父母的感动，又激发了孩子积极向上的心。2016年4月2日，在秋山木工修了式上，当每位毕业生领回自己四年共96本日志（几大纸箱），我看到的是一个“亲师生”共振的能量加强系统。其中包含了父母每两周一次的感动话语，秋山先生和诸位学长每日直指人心的鞭策。秋山木工感动能力、爱人能力的教育手段浑然天成，真是大道至简，如《孝经》云：爱亲者，不敢恶于人。

【教敬持志】 在秋山木工，学徒常常会听到秋山先生的呵斥：想要成为一流的匠人，首先必须放下微不足道的自尊心。只有这样才能将前辈们所传授的顺从地全盘接受，不如此便无法获得成长。八年三个阶段，教学相长。由外来的知（背诵“匠人须知三十条”），到内在行出来的知，由浅入深，由表及里。一年的打杂，是双向选择，也是培养服务之心和谦卑态度。借由集体生活，人多事杂，方可磨灭小我，升起敬人敬事之心。否则，一年后成为秋山木工的正式学徒，是难以经得起秋山先生的“德山棒和临济喝”的。而且，每日的早会上，前日所写日志都要经得起秋山先生和各位学长的“直指人心”。学徒小我不在了，“敬”字才真正由内心升起，方可立志入道：木之道。尊师，方能重道。正如中国圣贤所总结的：欲入道、悟道、行道、成道者，首先要立志。孟子曰：“持其志，无暴其气。”志者，气之帅也，心之所谓之志。是谓正气、精神。何以持志？主敬而已矣。敬则自然虚静，敬则自然和乐。敬之反，为肆，为怠，为慢。在己为怠，对人为慢。武王之铭曰：敬胜怠者吉，怠胜敬者灭。《孝经》曰：敬亲者，不敢慢于人。唯敬可以胜私，唯敬可以息妄。私欲尽，则天理纯全。妄心息，则真心显现。此圣贤血脉所系，人人自己本具，尊德性而道问学，必先以涵养为始基。及其成德，亦只是一敬，别无他道。故曰：“敬他者，所以成始而成终也。”（《复性书院学规》，马一浮）

秋山育人，原来是打开良知，“笃行之”而成良能的开始。大家建议我一定要去参访有“日本王阳明”之称的中江藤树先生的故里。11月13日，我们一行从大阪移师圣人故乡，参访中江藤树的故居及纪念馆。藤树先生在11岁时，因读到《大学》中一句“自天子以至于庶人壹是皆以修身为本”，便终其一生追寻修身的“本”究竟是什么。他少年便熟读四书五经，22岁读到《孝经》，寻到“德之本在孝”。27岁弃官回乡，侍母至孝精诚，感化一方百姓。其邻居（一位马夫）因拾巨金不昧，被失主（一位将军）逼问：你的人品为何如此高洁？答曰：都是跟我家邻居藤树先生学习的做人道理。藤树先生不经意间美名四方，社会各界竞相拜在门下，不得已而成立“藤树塾”。当我在藤树先生故居和纪念馆看到镶在精致相框中的“近江圣人中江藤树先生教诲”时，我会心一笑，并完整地记录下来以飨读者诸君，并共勉力行：

藤树先生以人生之道教化人民，并带领大家实践此道。因此被人们称为近江圣人。藤树先生便是以如下之道教化人们。**致良知**：人类不论是谁，在出生于世之时，便已从上天那里得到了称之为“良知”的纯洁美丽之心。这颗心会让你不论和谁都能和睦相处，相互尊敬、彼此认同。但是现在的人们被各种欲望充满内心，终将这个良知蒙蔽了。我们世人，应该将自己的各种丑陋的欲望进行克制，磨砺自己，像一面明镜般将自己的良知显现出来。每日坚持不断地修行是至关重要的。**孝行**：我们世人，每个人的身心都是从父母那里得来的，而父母的身心，又都是从祖先那里继承而来，而这一切归本，都是大自然所赐予的。所谓孝行，不仅要珍视父母，还要敬仰先祖，尊敬大自然。为此就需要致良知，使自己的身体健全、身心健康、端正行为，重要的是要使自己的家庭和身边的人都能很欢愉、融洽地和你相处。还有重要一点，认真将子女培育成为一个拥有爱心的人也是孝行的一部分。**知行合一**：我们世人，根据自身所学内容，会决定自己的人生必须要走什么样的路。但是，我们的所学如果不去运用，就不能算真正将东西学到手。对事物充分理解，再通过实践去验证，才能证明自己学到了。**正五事**：这五事便是“貌、言、视、听、思”。和睦、温柔的面容，体谅、关怀的言语，清澈、纯净的视线，侧耳倾听别人的话语，用真心去为对方考虑。在日常生活中与身边的人们生活在一起，就需要做到这个“正五事”。正五事这个行为就是为达到致良知的境界而做的重要的磨炼。

藤树笃行《洪范》“敬用五事”，实乃进德之要，立身、立人之根。“政者，正也……未有己不正而能正人者……尽己之性，所以正己。尽人之性，乃以正人。”徜徉在藤树先生的故居外，小广场耸立着一巨石，上面深深地刻了两个大字：爱敬。我不禁记起国学大师马一浮，于1939年为我的母校师生演讲时所云：爱敬之发为孝悌，其实则为仁义，推之为忠恕，文之为礼乐。举体而合言之，则为中和，为信顺，为诚明。就德相而言之，则温恭、谦让、易直、慈良、巽顺、和睦。一切美德，广说无尽，皆孝悌之推也。故曰孝为德本。不知德教之本，而言治天下者，无有是处，以其与理不相应也。

行笔至此，内心升起无比的感恩和自豪。似乎因被大家激发、鼓舞而进行的这场匠人精神源流考，却成了我个人找回文化自信、道路自信的信仰之旅和活法皈依。中华文化中最淳厚的精神——孝道，有如此伟大而超越时空的生命力量。约2500年前，中国的孔子就在《孝经·圣治章》留下了圣人治理天下最圆满的教诲：圣人因严以教敬，因亲以教爱，圣人之教，不肃而成，其政不严而治，其所因者本也。即便是出世的大乘佛家、禅僧，也发现"敬是智慧的根本，爱是慈悲的根本"。爱敬之至，则悲智圆满，佛道自成。其实，西方《圣经》十诫里的第五诫，孝敬父母，也成为第一条带应许的诫命：当孝敬父母，使你的日子在耶和华——你神所赐你的地上，得以长久，使你得福。我不由憧憬，人类命运的共同体之未来，也许正如英国历史学家汤恩比所预言的：只有中国的孔孟之道和大乘佛法才能拯救这个世界。我能有如此的福报，进行这场文化、精神、活法探究之旅，要感恩一路上的十方助缘。特别要感恩的还有我"可敬的父亲"和"爱人如己的母亲"。是他们几十年如一日行不言之教，自幼就为我深深地扎下了中华文明最重要的孝根，并为我树立了光辉的典范。敬则不失，诚则无间。精义入神，始明本分之事。滴水之恩，当涌泉相报。何以为报？当以仁人志士为榜样：匠心精诚，传承爱敬；修身为本，重立人根。

序中疏漏之处，定是本人德薄才浅。一孔之见，恐贻笑大方。恳乞读者诸君海涵，并赐教。

序二

学徒制——独特的人才培养方式

日比野大辅

最近几年在日本，秋山木工因独特的人才培养方式——“学徒制”，而被社会广泛关注。

“学徒制”是手工作坊或店铺里，徒弟在师傅指导下学习知识或技能的传艺活动。学徒在实际工作场所中观察师傅的实作，感知和捕捉师傅的知识和技艺，然后在师傅的指导下进行实作，逐渐学会师傅的技能。

学徒制在日本的江户时代比较盛行，进入明治维新以后，这种制度逐渐消失。但在当今企业追求快速做大做强的时代，秋山社长却重新启用它，并取得了卓越的成果。秋山先生认为，这种传统的学徒制是企业精神和技能得以传承的重要方式。

秋山木工的这种做法，很多现代人不能理解，觉得不合情理。比如女孩子要剃光头，从清晨干活到深夜，生活方面还有很多强制性规定。这些被误认为无视人性，因此秋山木工受到政府行政部门的关注。身为社会保险劳务士的我，曾就此事去秋山木工进行了访问。

初次见面，秋山先生热情地向我介绍他是如何培养学徒的，并展示了堪称秋山木工宝贝的“绘图本”——学徒写的修业日志，里面记录了学徒们每天的学习心得和师长、父母的评语，凝聚着学徒奋发图强、钻研技术的精神，以及秋山社长、师傅们对学徒的谆谆教诲和殷切期望。

我真切地感受到他们良好的师徒关系。秋山社长在培养学徒方面的做法无可挑剔，只是依照现行法律而言，管理偏严而已。为了让这种“学徒制”的教学方式传承下去，我向秋山社长提出了“学校化”的建议。秋山先生对此很赞同，并说要将“学校化”的事宜交给我去处理。对于秋山社长来说，他主要关心的是如何培养德才兼备的一流工匠，至于制度、法律方面的问题可交给相关专家去处理。

在与秋山社长长期交往的过程中，我有机会接触到他的学徒们，这些学徒待人诚恳、勤奋好学，立志要做一流的匠人，回报父母、回馈家乡。他们在秋山社长的培养下，用诚心体会他人的需求，力求制作出让客户感动的产品。我为当今社会有这么一群诚实可爱的年轻人而骄傲和感动。我本人也算是秋山先生编外的一个徒弟。

随着社会现代化、民主化的深入，已经消失在时代潮流中的学徒制，再次引起日本乃至全世界的关注。据说文化部拍摄的学徒生活纪实片在飞往德国的航班上播放，观看的人无不感动落泪。秋山社长已年过七旬，他的育人理念和方式正在日本乃至世界传播。他被众多企业聘为“军师”，经常不辞辛劳，奔波于全国各地，并吸引了大量来自中国及其他国家的企业家到秋山木工参观学习。为了不让秋山先生分散太多的精力，我也帮着分担了其中一些工作。在多次给中国企业家解读秋山先生育人法则的过程中，我了解到中国企业家对企业发展和员工成长的忧虑和他们渴望学习的迫切心情。我非常感动，同时也惊叹中国企业家对江户时代师徒制度中重视行住坐卧的深刻理解。秋山先生除了教徒弟们技术之外，几乎每天都会深入到学徒们的日常生活中，与大家一起做饭、吃饭、跑步、打扫卫生等。有位中国投资家梁正中先生更是不辞辛苦地多次来日本，随秋山先生一起参加扫地、扫厕所、做饭、吃饭的体验，由此可以看出中国企业家、投资家对秋山先生育人方法的高度关注和认同。

关于秋山木工，京都大学经济系的池上惇先生曾这样评价秋山木工："就日本传统的人才培养来说，再没有什么地方能比这里更地道了。"京瓷的稻盛名誉会长更是对秋山先生的育人方法大加赞赏，认为："这就是日本人的活法和工作方法。"

本书讲述了秋山先生的人生经历，描写了秋山木工年轻学徒们的成长故事，诠释了日本式经营的精髓及匠人精神最深刻的内涵。让我们一起借助本书，探寻秋山先生的人格魅力和成功秘诀吧！

（本文作者为日式组织设计及人才教育专家）

序三

匠人精神，当今时代的财富

陈晓丽

2016年11月16日是难忘的一天。秋山木工为泰邦会社特别制作的办公桌椅送到了我们办公室，这是秋山先生特意准备的一份大礼。秋山先生不仅亲自送过来，还带着他的五个徒弟来搬运、安装，甚至还专门对摆放的位置和周边环境布置进行了设计安排。这让我无比感动，也足以体现秋山先生对我的鼓励和厚爱。

四年前，一次特殊的机缘，受梁正中先生之托，我第一次拜见了秋山先生。因此前看过日本文部省跟踪五年拍摄的秋山木工纪录片，我对他的大名早有耳闻。我们虽然是第一次见面，但一见如故。虽然已七十多岁，他仍然思维敏捷，见解独到，充满活力，完全不像想象中的匠人那样闭塞和木讷。我被秋山先生的人格魅力深深打动。

后来我经常去秋山木工学习，与秋山先生和他的徒弟们进行交流，也经常参加秋山先生的演讲会和培训会，并有幸成为《匠人精神》的中文译者。这本书的繁体版于2015年3月在中国台湾发行，当时正逢盛和塾大会在台湾举行，稻盛先生邀请秋山先生在会上对《匠人精神》进行解读。秋山先生的讲演，得到了稻盛先生和塾生们的高度评价。2015年11月，该书的简体版开始在大陆发行，在北京举行的首发仪式上，秋山先生及其弟子们对匠人精神和企业传承的诠释，让在场的人无不动容，特别是中国的企业家们，从中看到了拯救企业的希望。《匠人精神》在短短一年多的时间里多次再版，销售累积数十万册。这之后，很多中国的企业家纷纷来到日本参访秋山木工，向秋山先生寻求企业育人及传承的良方和秘诀。

秋山木工一直保留着日本传统的人才培养方式——“学徒制”。秋山木工的学徒要想成为一流的匠人，需要经过八年的严格训练，过着近似苦行僧式的生活。每天早上五点起床，自己做早餐，和作为师父的社长一起吃早餐；然后是两千米的跑步，风雨无阻。每天，学徒们一边给工匠师父打下手，一边学习制造木工家具的各种技术，常常工作到深夜。通过这种封闭式的学习，学徒们能够培养起积极进取、专注、持久的精神。由于学徒们拥有远大的志向和要让父母开心的孝心，所以无论工作、生活不管多么辛苦和紧张，他们都能坚持不懈，乐此不疲。

《论语》曰：“志于道，据于德，依于仁，游于艺。”这是中国古代的教育纲领。秋山先生的思想可谓暗合道妙，他认为一个人能否成为一流的匠人取决于品行而不是技术，培养品行高尚的工匠比培养技术出色能干的工匠更重要。

《孝经》曰：“夫孝，德之本也，教之所由生也。”秋山木工培养一流匠人的法则直溯人伦的本源：让学徒首先要懂得孝顺父母，让父母开心。秋山先生说：“一流的匠人最重要的是要用心感受客户的需求，与客户产生心灵的互动，制作出让客人满意和感动的作品。不能让父母开心的人，不可能创作出这样的作品。有孝心人才有可能成为一流的匠人。”所以，他将95%的时间和精力花在德行培养上。

王阳明先生说：“志不立，天下无可成之事。”秋山先生教育学徒：首先，要立志，找到自己的“天命”，与正能量对接，我们的生命就会有很大的提升；其次，一旦选择了一个职业，就应该热爱它，要每天为它付出101%的努力，全身心投入地用生命去做，无论碰到什么困难，都不能退缩。这样，我们的人生就会心想事成，幸福也会如影随形。

秋山先生五十年来一直秉持天命：一定要为21世纪的日本乃至世界培养出具有一流心性的工匠人才。这样一种精神、一种大爱，让他的生命更加熠熠生辉。京都大学经济学院前院长池上先生说："秋山木工是把日式人才培养方式做得炉火纯青的企业。"稻盛先生称赞秋山先生："秋山木工依然保留着日本江户时代的日式工作方法，这是一种通过磨砺心性，使人生变得丰富多彩的工作方法，非常了不起。"北京大学高等人文研究院院长杜维明教授认为："秋山先生虽然忧虑的是日本的企业及其技术，希望能重振制造业，但更深层的是对现代人所碰到的问题的忧虑。秋山先生的育人方法不是说教,而是身体力行，他对弟子所有的要求都充分体现在他自己的言行举止中,因此这种感染力是巨大的，也使弟子们对他充满信心。"

现在很多企业的发展都遇到了"瓶颈"，产品质量如何保证、员工素质如何提升、企业如何传承，这是大家共同关注的问题。秋山先生作为"军师"，正在指导日本拥有百亿甚至千亿产值的企业，他提倡的人才培养和企业传承的思想和做法，在很多企业的实际运行中都产生了良好的效果。2016年12月中旬，日本丰田学校的领导专程来到秋山木工，向秋山先生请教育人的方法。可见，即使是强大的企业也需要精神的引领。要成为一个强大、长寿的企业，必须有一种精神的传承，所以匠人精神无疑是这个时代宝贵的财富。

当代日本，出现了一批像日比野先生那样有远见的社劳士和企业家，他们建立了"匠道"这样一个学习型组织，我也有幸成为发起人之一。我们正在全日本弘扬并践行日式经营理念及匠人精神，反响很大。当今，日本的很多行业都存在着如何一代代把前辈的智慧传承下去的问题。

秋山先生在这样一个物欲横流的社会，心甘情愿花那么多精力和金钱培养弟子八年，让他们成长为一流的工匠。当他们可以为公司挣钱的时候，却让他们离开公司，各自创业，展翅高飞。到底是什么样的一种精神在支撑着他这样做？每年在全日本木工奥林匹克大赛中，秋山木工总能独占鳌头，他们用什么方法和秘诀能培养出这些技艺超群的木工匠人？匠人精神的实质到底是什么？《匠人精神II》将逐一回答这些问题。当你静下心来细细品读这本书时，一定能从中得到很多的启迪。

借助此书，希望有更多的企业能够实践和传播匠人精神，实现企业的可持续发展，同时也祈愿更多的人学习匠人精神，走上如意的人生之路。

2017年1月于日本大阪

秋山利辉作品《木星》

前言

正值樱花开放的时节。

在我的工厂里，剃头推子剪头发的声音响成了一片。

围着长长披肩的年轻女孩，像一群“扫晴娘”(旧时为久雨求晴，剪纸制成的持帚女性人形——译者注)，端坐在钢管椅子里。她们的头上回荡着低沉的机械噪声，黑色的头发簌簌地滑落在满是木屑的地板上。

我冲着这些哭丧着脸的“扫晴娘”说：“哎呀，这个样子不是挺好吗，怎么啦？”那些稚气未脱的女孩凝视着镜中的自己，手摸着头，反复确认着触觉感受——至此，长可垂肩的黑发已经没有了，她们一进会社就被剃成了光头。

这是我的会社秋山木工的一个仪式现场。无论男女，进社之后都必须剃成光头。

秋山木工为培养木工工匠，开展严格的研修训练。学徒四年要一直住会社宿舍，且被禁止使用手机，禁止和家人见面以及谈恋爱等一切个人活动，只有在盂兰盆节或过年的时候，才能获得正经的假期。除此之外，他们还要接受各种细致的生活规则的约束。在外人看起来，颇有隔世之感。

木工技术自不必说，就连吃饭、写信以及与人说话的方式都要进行全面培训，遭到大声训斥是家常便饭。如果没有彻底坚定的信念，学徒生活是无法完成的。为了让学徒们下定决心，我让他们剃发明志。

我于1971年在神奈川县川崎市宫前区鹭沼创立了专做定制家具的工厂“秋山木工”，当时我二十七岁。加上我创业团队一共三个人。刚开始接到的都是一些小活，渐渐地有客户给我们下大单了。现在，我们已经在为宫内厅、大型百货公司、高级宾馆、高尔夫球场、高档品牌专卖店以及美术馆等各类用户制作家具了。不仅家具大件，即使如画框、镜框一类的小物件，只要是用木头制成的，我们都会根据客户的要求，严格按程序去做。

如今，秋山木工旗下有五家集团成员单位，分别是：

① 篠崎木工

② 腰原涂装

③ 田口工房

④ 职人坚木

⑤ 木风心风堂

①—④是四家工房，专司制作家具，年销售额约10亿日元，最近几年的销售业绩一直在稳步上升。

也许有人会问：在这样一个经济不景气的时代，为什么并不便宜的定制家具会受到青睐？为什么顾客追求的不是大量生产的廉价商品，而是工匠的服务？其实，我的会社不同于一般的会社，我们有完全不同的人才培养机制。

秋山木工采用“学徒制度”来培养和教育员工。所谓“学徒制度”，是指从江户时代开始，在日本风行了约二百五十年的一种培养商店老板的制度。当时的做法是，徒弟住在师傅家里，给师傅干活，师傅不发工钱，但提供衣物和膳食。师傅教授徒弟知识和技能，培养其成为店老板或工匠。秋山木工采用的就是这种制度，以此培养新入员工成为真正的木工匠人。

在秋山木工，入社开始的四年时间为研修期。研修期间，学徒一边给工匠师傅打下手，一边学习基础知识，这就是所谓的“屈居人下”时代。为了让学徒们在四年时间里能集中精力学习，会社要求他们全部住在会社宿舍，过集体生活。在这里，他们要承担做饭以及打扫车间等杂事。在工作现场，学徒们一边帮师傅干活，一边学习家具制作的基本技能，包括工具的使用方法以及相关材料的知识等。

我的会社现有30名员工，其中约半数是这样一些以“徒弟”身份工作的人。

四年“屈居人下”的研修生活结束后，考试合格者将名正言顺地成为真正的工匠。从成为工匠的那天起，待遇就不同了，叫他们的时候，我不再直呼其名，而要在名字后面加一个“君”字。

研修四年是义务为师傅效劳的四年。

学徒制度规定，出师后的弟子要在自己学习技能的地方干几年活，以此报答培育之恩，自古至今，一直如此。这是为了表达对师傅教诲的感激之情。基于这个思想，我们的学徒在成为工匠之后，也要被派遣到会社旗下的集团成员单位，到工厂里去一试身手。但生活方面，他们一般会搬出集体宿舍一个人住，成为名副其实的合格工匠。技术上的指导由各工厂的前辈或社长负责，但在行为举止方面，仍然由我继续直接教育。一旦发现他们出现骄傲自满的苗头，我会立刻当头棒喝。

在学徒以工匠身份工作四年后，我会让他们自动退职离开会社。退职后，或单干，或进入其他会社，或出国，自己选择。通过这样的方式来进一步提高他们的技能水平。

我在创立会社、雇用员工的三十年间，始终按照这一套方法在做。如今，这套方法已经为秋山木工培养出了50名职业工匠，其中多人还在每年一度的“全国技能大赛”（工匠竞技大赛）上获奖，2005年甚至有人得了金牌。此后，每年都有人获奖，到目前为止，我们已经获得了1枚金牌、6枚银牌、4枚铜牌和5个“敢斗”奖。

研修期间，学徒们要一边做宿舍和工厂里的杂事，一边参与现场的工作，工作之余还要为一年一次的展示会准备自己的作品。加上我对他们的言行举止又盯得很紧，所以，工作期间他们一直很紧张，每天的睡眠时间很短，精神压力巨大。

也许有人认为不那样做，他们也能成才。但我坚持“匠人的品性比他的技术更重要”的理念，所以严酷的学徒生活是他们一定要经历的。

尽管如此，现在来自全国各地的求职者依然络绎不绝，近期更是持续增长，其人数已经超过规定报名人数10倍。

考虑到并不是每个人都能过得了严酷的学徒生活，所以我们特别重视入社前的面试工作。一般会社的面试时间是30分钟，我们的面试时间长达3小时。此外还要让他们参观工厂，和入社后的学徒进行谈话。如果决定录用某人，无论他是北海道人还是冲绳人，我们都会去他的老家，对其父母进行面试，这个面试过程至少也要花3个小时。因为整个学习期间都要经受严酷的生活考验，我需要了解做父母的是否真有让孩子成为工匠的决心，并直到他们完全同意为止。

开始住宿舍、过集体生活以及艰苦地学习后，有些学徒感到迷茫苦闷，甚至想过要辞职离开。帮助他们克服这种心理障碍，培养他们成为真正的工匠，父母的支持是必不可少的。

我们会社的做法(后文将陆续介绍)是，在学徒、会社以及学徒的父母之间建立一种三位一体的和谐关系，无论本人、会社还是家人，大家都真心实意地为培养工匠而努力。

我之所以坚持运用“学徒制度”来培育员工，原因在于我本人得益于该制度，并最终成了一名真正的工匠。

我小的时候，家境非常贫困，每天为吃饭发愁，经常要向周遭的人家借米度日，完全无法安心学习，成绩不是差就是劣，连文字都不能流利读出，直到上中学二年级时才能正经书写自己的姓名。

性格上我也有些胆小怕事，一到人前说话就紧张，结果想说的话总有一多半说不出来。作为这样一个人，我今天能成长为合格的木工匠人，完全是因为“学徒制度”让我学到了高超的技术，同时也离不开周围人的热情鼓励。因此，我要继承这项培养我成才的优秀育才方法——学徒制度，希望它能为我们的下一代造福。

小时候，曾听村里的老奶奶说过这样的话：“荒年饿不死手艺人。”我想，如今的社会正在向她所说的那种时代回归。日本社会正处于漫长的转型期，那种企业大量消耗资金、资源，大规模生产商品，而消费者视其为一次性用品而大量采购的时代已成过去。劳动环境也急剧变化，终身雇佣制度被废弃，企业裁员以及用人单位终止雇佣合同等现象，让我们所处的就业环境变得非常不稳定。

正因如此，我才觉得我们有必要重新认识日本古已有之的学徒制度和工匠精神。实际上，在我的会社，就有二十四岁的年轻人每月所挣的工资是其同龄人一倍以上的例子。另外，从秋山木工走出去的木工工匠们，有的在其他工厂大显身手，有的回到家乡自己创业，每个人都在为实现自己的梦想干得有声有色。

经过严格的研修学习，掌握一技之长之后，我们就能过上上述生活——尽管我只是一个人，但还是希望众多的年轻人都能有这样的经历。当然，过去也有师傅靠学徒制度敛财，以及让出师的徒弟终生待在身边的不好的做法。我决心改革这些弊端，使学徒制度通行于21世纪，并为现在的时代所认可、继承。

培养通行全球的工匠人才以回报社会，这是我现在的奋斗目标。

第一章

我以家具工匠作为人生奋斗目标的原因

创立秋山木工的原因

“秋山先生，拜托，来一趟吧！”

有家大型百货商场来电联系，他们不是订货，而是要我去处理不良问题。但这个不良问题并非出在我们生产的产品上，而是出在别的厂家的产品上，只是因为买家和卖家都解决不了，才来找我。

我并不讨厌处理不良问题。那些所谓“难缠的索赔者”虽然个个自尊心很强、态度蛮横，但我挺“喜欢”他们。我在做学徒的时候，经常和他们打交道。尽管他们的态度不好，但多数还是讲人情的，一旦处好了，关系会变得很和气。

另外，大发雷霆的人都是精力旺盛且做事认真的人，要感动他们并非难事。如果你在10分钟之内让他们感动了，也很有成就感。

只是和他们打交道不仅要有对话的能力，而且还要讲究一点技术。

“能让我看看不良品吗？”

当你这样问的时候，十之八九他们会说：“来了好几个人，都没修好，你看了又能怎样？”

此时如果他能让我去看，我就能控制局面了。在通过走廊的时候，我会一边和他搭讪一边往屋里走：“这个大理石地砖很不错啊，没有××万，是拿不到手的吧！”进屋后再请对方出示不良品。然后一边请求对方允许我检查5分钟，一边开始动手检查。

在动手检查的同时，嘴巴还不能闲着：“这把椅子很漂亮啊，是意大利生产的吗？”和客户聊天，让对方不留意自己的手头操作。在修理结束后再让对方看：“这样怎么样？”

“修好了，真的修好了！前面来的两个人根本不知道从哪儿下手……太好了，我去准备饭菜，请稍等！”

最终的结果成了这样。

这样的交流，对于现在的我来说，就像日常饮食那样稀松平常；但我在小的时候，却怎么也不会。小时候的我是个非常腼腆的孩子，不敢在人前说话。这样的我，如今能够举重若轻地处理不良事故，完全得益于学徒时期的严格训练。通过严酷的修业时期的摔打，我的性格彻底发生了改变。

我认为学徒制度具有这种改造人的力量。正因为我有被改变的刻骨铭心的体验，所以才一直沿用这种“过时”的制度。

那么，为什么我要创立现在的会社呢？要回答这个问题，还得从我童年时代说起。

贫困的少年时代

我出生于奈良县明日香村，据说这也是圣德太子的诞生地。我家在村里条件最差。父亲在大阪经商，但做得并不好。因为经济上没有什么进项，母亲只好在乡下拼命做些小生意贴补家用，这才勉强解决了一家人的吃饭问题。

在没得吃的时候，我们还要向邻居们讨米。母亲做生意很忙，讨米的事就成了我们孩子的任务。虽然我有兄弟姐妹六人，但孩子中只有我愿意乞讨，所以每次总是我去讨米。在这段时期，我见识了世间的各色人等：有为富而仁者，有为富不仁者，也有自己条件不好却愿意周济其他穷人的人……

糊口尚且很难，上学更是一件奢侈的事，我连最起码的文具都没有。全班同学都有崭新的新书，唯有我捧着一本皱巴巴的旧书，那是哥哥姐姐或年长的亲友用过的。本子也买不起。因为没有本子，所以铅笔就消耗得少，只用哥哥姐姐用剩下的铅笔头就足够应付了。

这样的学生自然不可能优秀。小时候的我完全不会文字读写，直到中学二年级才勉强能把自己的名字写全。在教室上课，我经常被罚站。无论哪门课，一开始都要全班同学轮流朗读，因为我的名字是“秋山”（AKIYAMA），所以总是第一个被叫起来。可我连一个字也不会读，老师便让我站着听课。当时排座次是按照身高来排的，我的个子最小，自然是坐第一排。结果从上课到下课，我始终站在教室的最前面。

我是班上最差的学生，成绩报告册上各科成绩不是1就是2。因为我知道自己不擅长学习，所以也并没有感到什么痛苦。

中学二年级时动手做了一只船

就是那种状况下的我，也有稍稍胜过其他人的一些地方，那就是图画和手工。当时村镇的角落里住着很多木匠、桶匠、“黑白铁”修理匠以及制伞的匠人，他们一边做一边卖，就像连环画剧或街头艺人那样，在人前展示自己的技艺。

我非常喜欢观察这些匠人的手的动作，有时间的时候，我能坐在那儿一动不动地看一天。看的同时，我心里还在想“这个人做的东西真好”“那个人做东西虽然有些马虎，但很擅长叫卖”等。经常是看着看着天就黑了。

回家后，我就开始模仿制作自己看到的东西，一来二去也会了一些简单的木工活。小学四年级的时候，村里的一位老婆婆跟我说：“我家漏水，你帮我修一下吧，做个架子就行。”因为她丈夫整天忙于农活，所以才找了手头还算灵巧的我。之后不久，附近的人家都开始找我

青年时期的秋山社长（后排右一）

做一些家里的木工活了，我还能赚一点零花钱。

拿到材料款后，如果买一些稍微便宜一点的材料来做，就会产生差额。为了赚点手工费，我拼命努力做活。升入中学的时候，我制作了一个小鸟住的屋子，一共两层，一坪(约等于3.31平方米——编者注)大小，还设计了一个装置，让鸟儿下的蛋能自动滚下来。

上中学后，我的手工技术仍然不错。初中一年级上图画手工课，老师布置了一道家庭作业：用纸板建一所房子。其他各科的家庭作业我从没做过，只有手工课的作业总想试试。

材料是1.5毫米厚的茶色纸板。大家都用铅笔在纸板上画上窗户，然后各自按照自己的想法搭建，并把做好的屋子交给了老师。我做的屋子交上去之后，所有人都吃了一惊，因为他们做的都是平房，而我的是两层楼。拿掉屋顶，二楼展现在眼前，再拿掉二楼，又能看到一楼的布局。我还挖了窗户，并用纸板做了榻榻米；甚至在屋子里安装了小电珠，通了电。在一排平房当中，只有我的两层小楼十分辉煌，一片通明。

但老师的反应却很冷淡："什么呀，这是？该不是把你哥哥或者父亲做的东西拿来了吧？"尽管我说是自己做的，但他并不相信，认为我在撒谎，又罚我站着听课。

第二年的家庭作业是制作一艘船。

同学们在鱼糕板上插一根简易筷子，挂上纸做的帆，做成筏子似的小船，这些小船在教室里排成了一排。我做的小船与众不同，是一艘涂成了黑色的军舰，上面还有大炮。

所有人都拿着小船去学校后面的小河里“放行”，纸船放进水里后，立刻都向下游漂去，只有我的“军舰”快速地逆流而上，因为我在船上安装了马达。

那是个塑料模型尚未出现的时代，搞不到马达。我只好自己做绕组，采用大号干电池制成了临时马达。这种马达一浸水就会坏掉，于是在接头的地方我用蜡烛的蜡进行密封处理，这个防水措施很成功。因为我小时候喜欢看工匠们做活，所以学到了这些知识。

但这次老师仍然很生气，和上次做房子一样，还是怀疑是家人帮着我做的。结果我只得了个“1”。但那次我笑了，知道即使反驳也无济于事，况且我制作小船的目的也不是为了成绩，只是因为自己想做，仅此而已。

我虽然认为自己的手工活不错，但那时还没有想到自己将来要成为一名匠人。只有村里的老奶奶们异口同声地说我长大了可去当木匠。

以成为工匠为目标去了大阪

那时，我还没有正经考虑要成为一名工匠的事，因为生活太贫困，只顾得上赚钱了。从小学四年级开始，我在课余就做一些卖报的工作。因为经常去向那些拖欠报钱的人要钱，所以能切身体会他们手头拮据的心情。尽管如此，由于是工作，我还是会多次去要，不避雨雪。结果我被报纸经售店的老板看中，他劝我读完初中就不要再上高中了，说将来可分一半客户给我，让我也从事报纸经售业务。

我完全没有考虑过要上高中，甚至不知道还有“高中”存在。就在这时，有朋友告知我一条职校招生的消息。所谓职校，是指国家或都道府县设立的进行职业教育的机构。现在改成了“职业能力开发学校”，主要以失业保险适用者为对象，开展为期三个月到一年不等的职业培训，开设的科目包括办公事务、网页设计等。我当时所上的职校名为“职业辅导所”，它是为应对战后激增的失业者和有缺陷的劳动者而设立的，主要教授木工和建筑等学科。

只要入学，职校就免费传授技术一年——这个免费的政策特别吸引人。我所感兴趣的当然还是打小就非常熟悉的木工，于是马上去报名，并顺利被录取了。

成绩优秀的学生，毕业的时候辅导所将为其介绍工作。我的故乡在奈良，可我希望去大阪工作。所以每次见到老师，我总说想去大阪。但只有培训班里成绩最好的学生才能去大阪工作，我还没有那么强的实力。

尽管如此，老师还是一直都很照顾我。我最后决定回家乡，去奈良大和高田的一家为公共机构和学校服务的木工所上班。

毕业那天，我和朋友们一起去见老师，想说一句感谢的话。刚说了一会儿话，就来了一位前一年毕业的学生。

他对老师说：“老师，我师傅说还要一个人，还有人吗？”

一问，原来那位前辈就在我希望去的大阪的会社上班，于是老师的眼睛看向了我，说：“是你说想去大阪的吧？”

第二天，我站在近铁电车的月台上，肩上挑着用大包袱包着的被子，和年长两岁的姐姐一起把大行李搬上车后，乘车而去。战后复兴运动平息之后，日本就进入了就业困难时期。因为《劳动基准法》的制定，学徒制度将被废除，我勉强赶上了最后一班培养工匠的“列车”。

我要去的地方是大阪京桥。巧合的是，那天正好是我的十六岁生日。

被杂务缠身 屈居人下的时代

我所入职的会社是当时大阪业绩非常好、备受关注的会社。工资也高，师兄的月薪是10万日元，拿到现在来说，相当于100万日元，那是无论怎么吃喝也很难用完的一大笔钱。

但刚入社的我工资却只有每月1500日元，住在师傅家里。

入社三年间，我不断被打发四处跑腿。从接送师傅的孩子开始，每天干的都是杂活。同期入社的伙伴们都开始做木工活了，只有我还在打杂。

每到交货的时候，师傅就在新入社的徒弟中寻找人选。

“你，南边的××商事，知道吧？去交货！”

我的一些同事明明知道那个地方，因为不想去，就佯装不知，说不知道。这时师傅就问有没有能去的，死心眼儿的我站出来说："我能去。"因此这个差事总是落在我身上。

也许有人认为交货只要运输而已，其实不然，这是一项很费力的工作。五十年前的道路没有经过修整，到处凹凸不平，而且没有汽车，即使只是送一张桌子，也很不容易。在一辆装有加厚轮胎的自行车后面挂上一辆两轮拖车，把家具放在拖车上，人骑着这样的车去送货。

当时我的体重只有48公斤，上坡的时候根本不敢停下来，因为一停下就再也无法前进了，即使遇到红灯也得往前闯。如果走错了路，绕了远，自己就会更辛苦。渐渐地，只要走过一次，我就绝不会忘记道路。

即使送到了地方，也丝毫不能泄气。

当时，大阪的北边和南边集中了很多舞厅、俱乐部和酒吧，不断有各种店铺开业。这些店铺经常需要订购家具，而且多数是前面的店主刚刚搬走，后面的经营者就马上开业。很多店铺的涂装甚至是三天三夜连轴转地赶出来的。涂装一结束马上需要搬进家具，所以交货时间总是紧得要命。

经常有这样的情况：在店铺开业的前一天傍晚，当我推着小推车赶到目的地时，店铺还没有影子，到处只有砂石。身材魁梧的泥瓦匠们紧张地工作，现场不断响起呵斥声。

“你好，监工先生，家具送来了……”

我鼓起勇气，上前打招呼。监工一副不以为然的态度，高声道：“那些东西现在送过来，没地方放！”我拉着小车走了十几二十公里，不能就这么回去啊。于是我跑到公用电话亭给师傅打电话：“师傅，店铺还没有装修好，家具没地方放，怎么办？”师傅只说了一句话——“你自己想办法”。

我只好开动脑筋。当时的泥瓦匠们个个趾高气昂，和他们打交道必须态度谦逊。我找了现场一位师傅模样的人开始搭讪：

“任务很艰巨啊，这个工程今天之内能完成吗？”

“别烦我了，混蛋！”

“工程量很大啊……要干到明天早晨吗？”

“碍我事了，你这个混蛋！”

“我，我给您帮忙吧！这个砂，搬这儿行吗？”

在一群身强力壮的泥瓦匠中间，细条条儿的我和他们一起干起来。大约15分钟后，监工看不下去了，开口说：“啊，行了。回头再搬进去，先放那儿吧！”

“啊，对不起，是我太随便了，谢谢！”

每次交货都持续上演这样的事情。我拼命去做，心想只要活着，每天都要努力。对于那时的我来说，只有回去的时候才能稍微轻松一下。

夕阳西下的时候，我拖着空车，怀着完成任务的愉悦心情在御堂筋大街上飞奔。之前装着货物、沉甸甸的两轮车，现在“哐哐”地跳跃起来。在朝天的大道上，我昂首挺胸，把自行车蹬得飞快，甚至超过了市内电车。

也就从那时开始，原本嘴巴笨拙且腼腆的我，开始变得能说了。

首次跳槽

在那家会社干了五年，我正式成了一名合格的工匠。以工匠身份又干了两年后，我跳槽去了另一家会社。

在之前那家会社的时候，每逢星期天休息，我就到自己想去的工厂帮忙。他们的报酬仅仅是提供一顿午饭，尽管如此，因为和当时号称“大阪第一”的工匠一起工作能学到很多东西，所以我每周都去。当我怀着强烈的要去这家会社工作的愿望去应聘的时候，因为双方早就认识，所以我马上就被录用了。

我跟会社说，只要能和这里的工匠一起工作就好，工资给多少都行。在之前那家会社，我的工资待遇是每月10万日元，到了这里，因为是从头开始，工资降到了2.5万日元。

在这里工作我也是住在师傅家里，我租了一间茅屋顶的阁楼住下。因为是老房子，到了晚上，月光能照进屋子。下雨天就更遭殃了，我不得不拿出所有的脸盆来接水。但对于我来说，只要有房子住就足够了，况且做饭洗衣等活计都由师母全包，我可以集中精力于工作。

那家工厂的一流工匠大多是三十多岁的人，只有我二十多岁，他们都比我大出十多岁。在他们看来，我就好比一个流着鼻涕的小毛孩。大家都很喜欢幼稚的我，热情地教给我各种技艺。

在我入社一年后，会社接到了一单大业务——松阪屋新装开业。

从1934年开始陆续开业的日本桥店铺将被整体搬迁到大阪天满桥车站，这是一项大工程。师傅开始的时候甚至说仅我们一家干不了这么多的活，而且图纸确定之后三个月之内必须完成，没有任何富余时间。

从那以后，我们开始了彻夜奋战。

我每天早晨开车去接师傅和其他工匠们，把他们送到工作现场，然后一整天不停地工作。到晚上10点钟，工作结束，我再用车把所有人送回家。等我回到工厂的时候，已经快12点了。但作为跑龙套的，我还有一项工作要做，那就是准备木材，切割、铲削，为第二天的工作做准备。干完这些事回到家的时候，已经是下半夜两三点了。

我躺下刚睡着，闹钟就响了，4点起床。于是我又开始了开车去接工匠们，到现场工作的重复劳动。因为当时会社里只有我有汽车驾照，想找个人倒一下班都不行。幸亏我当过学徒，习惯了彻夜工作。就这样，我们坚持了三个月，终于在松坂屋开业前完成了新装任务，心里充满了成就感。

但同时我也开始担心起来，如果就这样被他们方便地使唤着，我可不就完了吗？

工程结束之后的第二天是休息日，我去一直对我挺关照的设计师家玩。开口第一句就说：

“您看我到东京去试试本领，好吗？”

“那当然好了。”设计师说。

“那就请借我点车费。”

“今天就走？”

“是的，今天就走。去找一家能雇用我的会社。”

这简直是突发奇想。设计师让我先等等，转身开始打电话，当场通过朋友给我找了一家愿意接收我的单位。

我手里攥着借来的5000日元，径直向新大阪车站走去。

第二次跳槽去东京

东京的会社里都是一些五十至七十岁的老匠人，可谓老手之中的老手。因为我入社时要求从头学起，原本涨到了10万日元的月薪又降到了每月2.5万日元的水平。我住在工厂二楼一间高度只有一米左右的阁楼里，开始了新的生活。

那些老匠人个个都曾名噪一时，而且有带徒经验，技术上非常过硬。仗着经验丰富，他们在金钱问题上总是斤斤计较，每月一次的工资确定会上，甚至会和社长大吵大闹。

为了不输给这些老匠人，我拼命工作。因为技术差、经验不足，我只好延长工作时间，第一个早起，最后一个晚归。这般努力终于有了结果，入社半年后，我成了会社的赚钱能手。

会社曾有几个人组团承揽一项任务量较大的工作。

此时，那些老匠人就经常招呼我做这做那，搬东西、干木工活等，自己只发发指示，我成了一种很方便的工具。作为补偿，他们教给我各种技术。

入社一年后，会社来了位年轻的女绘图设计师。我叫她大姐，非常敬重她。

一天，我接受邀请，去参加了一个艺术家和建筑家的交流会。交流会上，平时很难见到的身着华服的人们济济一堂。我听到这样一段对话：

"关于帝国饭店的建筑设计……"

"那还得是包豪斯……"

当时的社会正流行"设计"一词。但一心钻研木工的我则完全不知道大家都在说什么，甚至连这些词汇也没听说过。我跟朋友一商量，他建议我进学校充电。当我把这个想法告诉那位设计师大姐的时候，她马上说："我今天就带你去。"于是领我去了涩谷。

那是日本首家设计教育机构，曾培育了众多著名设计大师的桑泽设计研究所。穿过大门，进入办公室的时候，大姐让我等她一下，然后径自向里面走去。后来我得知，她是去找老师了，替我说定了上夜间的室内装饰课。

学校的一切都是那么新奇而刺激，虽然每天的课题任务重得让人难以承受，但对我来说是一次快乐的体验。

一次，学习布置的课题是“制作八面体”。因为我是靠制作家具吃饭的，这个课题当然不在话下。

我不仅做了一个尺寸准确的八面体，还做了一个用正五角形和正六角形组合而成的三十二面体，交了上去。结果我的作品成了教研室老师们关注的话题，我也开始帮助一直很关照我的老师进行研究工作，每天过得很兴奋。

在大型百货公司木工部就职，开始了工作、学习和兼职的三重生活

当时，家具工匠行业最权威的机构是百货公司的木工部。

为了进入“日本第一”的匠人集团，我决定第三次跳槽。幸运的是，正好桑泽设计研究所的老师在某大型百货公司有熟人，于是经他介绍，我去参加了面试。那是当时日本数一数二的工匠集团，他们为宫内厅和国会议事堂制作高级家具。

我拿着一封花了很多精力但仍然写得不好的履历表，还有以前制作的商品相册去参加面试，但过了一星期也没收到通知。

我于是打电话确认，几天后收到了该会社的内定通知，顺利入社。

我第一天到会社上班，在入口处的门卫室还引起了一场骚动。后来打听才知道，原来是因为我打电话推销

自己时的传言被添油加醋，变成了有“非常了不起的人入社”的消息，结果使得我的入社变得很热闹。

尽管如此，我在这里开始拿到的工资也只有原来的四分之一。进入职场后，我仍然每天去桑泽设计研究所上夜校。为了不迟到，下班铃一响，我就飞跑出去赶电车，在涩谷车站匆匆吃一碗方便面，然后上坡去学校，占据第一排中间的位子，开始如饥似渴地学习知识。因为这种状况，我在学校出了名，即使偶尔迟到了，第一排中间的那个属于我的固定座位也一直空着。

就在我一边工作一边学习的日子里，一天，我已辞职的前会社给我打来了电话。

“你今天能来一趟工厂吗？图纸和钥匙已放在了办公室，请多关照！”

由于人手不够，他们想邀请我做兼职。晚上9点，夜校的课程结束后，我再次飞奔去车站，换乘电车赶往以前会社的工厂所在地。到了一看，图纸、材料和钥匙果然放在那里。

从此，我开始了职场工作、在桑泽设计研究所学习和打夜工的三重生活。

即使再忙，我也一定会参加交流会。我在会上结识了一位女性朋友。

“今天的天气可真好啊？”

"上野正在举行一场很有趣的展览会哟！"

"这本书看起来很有意思！"

虽然我们说的都是些很无聊的话，但每逢会社休息，我还是会直奔公共电话亭去给她打电话，为此没少受门卫的戏弄。

这样的生活持续了一段时间之后，她向我提出了结婚的要求。于是我们决定立即去见她的父母，但"三重生活"弄得我几乎连睡眠的时间都没有，实在没空去她家。没办法只好请二老来东京，不巧又正赶上工厂交货，我还是抽不出时间，最后和女孩母亲的初次相见是在半夜3点。这一下，她母亲不干了，表示坚决反对我们的婚事。后来知道女儿坚持要嫁给我，才终于同意了。

第二天我们打算去我的老家奈良，我还是没空，只能让她陪着母亲前去。虽然岳母很不高兴，但我们还是顺利结了婚。

因为我没钱，交流会的朋友们聚在一起，为我开了个会费制的派对庆祝我结婚。参加派对的都是我的朋友和恩师，共计100多人，这是他们亲自举办的温馨的集会。不可思议的是，参加派对的人直到现在仍然对那次派对记忆犹新。

结婚不久，妻子就怀孕了。在她说"感觉身体不好"

的时候，我马上意识到可能要生了，赶紧乘电车去医院。车上，我留意到吊环带子上的不动产广告：目黑周边分割式住宅，320万日元。

“好，将来我要买一套这样的房子！”结婚、生子、安家立户——这当然是人生幸福的顶点了。

可是第二年，我就被那家大型百货公司解雇了。

秋山社长

创立秋山木工
培养工匠

我被百货公司解雇的理由是不加班。

因为当时我过的是“三重生活”，下午5点工作结束后马上就去了学校，的确没有加班。但我的活干得又快又好，做出的东西也很漂亮；仔细打听，也并非是晚上私自兼职的事败露的结果。

被解雇的真正的原因是我过于个性化，性格缺乏协调性。从十六岁开始的十一年时间里，我先后进了四家会社。虽然在这四家会社积累了一些有益的工作经验，但觉得每个月和吝啬的工场长就工资多少的问题发生争执，实在没有意义。

与其像以前那样，还不如自己创立一家会社。从结婚开始，我就说希望有一天能拥有一家自己的店铺，再加上妻子是设计师，拥有自己的店铺就等于成了木工匠人了。我自己万没想过要去做生意，因为小时候家里贫

秋山社长所用的刨

困，父亲的生意做得并不成功。我常看见有人一边说着“不好意思，添麻烦了”，一边上门来催债。

做生意也许真是一件很不讲情义的事——在我是孩子时心里已经有了这样的想法。尽管如此，当我回想起以前的亲身经历，便没有动摇自己创立会社的决心。

我父亲是个自尊心很强的人，虽然自己的日子过得并不好，却还看不起村里的其他人。生意失败的时候，他要么归咎于战争，要么怨恨自己没有很好地应对，总是后悔不迭。因此，我从小就坚定了一个想法：一定要有一个无怨无悔的人生，一定要实现自己的心愿。但那时还只是想法而已。我发誓：要干，就干出一番事业，打败父亲的竞争对手。

因为没有本钱，我卖掉了刚买不久的新房，结果还差50万日元。我只好带着卖房的钱，去找有些交情的木材厂和机械设备店帮忙。

“我现在只有这么多，求你们了！”最终我拿到了木材和加工设备。

在卖房的时候，我对妻子说：“五年后，我一定买一套比这个大一倍的房子！”

就这样，二十七岁的时候，我和两个朋友创立了秋山木工会社。

刚开始的时候，我一心只想着把会社维持住，不至倒闭。几年后，经过艰苦努力，秋山木工的工作开始得到人们的认可，我也有了自信心。接单开始变得顺利了，我也兑现了和妻子的约定，买下了一套比原先的住所大一倍的房产。

那个时候，希望掌握更多知识的我开始胡乱读书。最初读的，是因开发小型火箭而被称为“日本火箭开发之父”的系川英夫博士的《逆转的构思》，此外还读了当时的经济类及自我启发一类的书籍。

读书的过程中我开始思考，是否因为生活太方便了，才使得如今的社会变得如此糟糕。

家电等方便的商品被开发出来，不断被销售出去，社会获益，日本经济好转。但那些立足于日本传统文化而获得成功的企业，他们回报社会了吗？我自己又何尝不是其中之一呢？

自从成为工匠，我就再也不用像以前那样为吃饭而辛苦劳作了，而且我能成长为工匠，也是许多人出面相助的结果。所以，我必须要报答社会，这个想法一天比一天强烈。

但我又能干些什么呢？浮现出来的一个主意就是为社会培养大量的工匠，哪怕一个也好。但如果像当过去的师傅那样教学，不仅可能不会有人来学习，而且可能培养不出好的人才。回顾以往的亲身经历，自己以前上班的会社多半只对那些贡献大的工匠给予优待。大部分工匠在和外面的人交流时，只说自己不过一个工匠而已，表现得很谦虚；但在会社里，他们就表现得很跋扈，大有“老子天下第一”的气概。

我希望改变人们对工匠的印象，培养受人尊敬的真正的工匠，为此就必须要有舍弃自我的决心。我所敬爱的京瓷创始人稻盛和夫名誉会长曾说过，“要动机纯，无私心”，要有益于社会，私欲是要不得的。也就是说，不能为了自己而培养工匠。

那么，怎样培养出在任何地方（不仅在秋山木工）都能通用的工匠人才呢？

我想出了现在这个“八年退职”的培训方案。让学徒们掌握到任何地方都能站住脚跟的基本知识和技术后，在最好的深造时期，让他们离开会社。这样，他们就能成为去哪儿都不愁吃饭问题的工匠，而且通过各种经验积累，也许还能超过我。

于是有了现在的培训制度。

第二章

女孩也要剃光头
学徒十规则

不能正确进行自我介绍的人不被接受入社

每年三月底，就有一批新学徒(研修生)入住会社。

他们穿白衬衫加黑色或灰色套装，背着塞满了东西的运动包，一脸紧张的神情。这些未经世故的孩子被集中到会客室，首先进行自我介绍。

· 姓名

· 出生地

· 毕业学校

· 年龄

· 家庭成员

· 八年后自己的状况

· 为什么要来秋山木工就职

· 将来的目标

这些内容必须大声、清晰地说出来。“好，就从自我介绍开始吧！”于是我让他们一个接一个地进行自我介绍。

“我来自青森县××市，我叫××。在家三兄弟中，我排行老大。”

“我来自熊本县××市，我叫××。曾担任棒球部的管理人，相信能管理好自己。”

一轮结束后，我抱着胳膊，“嗯”了一声，说：“再来一次吧！”

仅仅是自我介绍，这些刚入职的学徒的表达方法也有让我不满意的地方。比如，语言干巴毫无感情色彩，不看我的眼睛，低着头说或者遣词造句有问题，等等。哪怕只有一点让人不放心的地方，我也会要求他们马上重新来一遍。

“都说了些什么呀，听不明白，再来一遍！”

“说话的时候要看着对方的脸，再来一次！”

学徒们从住进宿舍的第一天开始就要挨我的训斥，直到他们一个一个都能大声、清晰且不打磕地完成自我介绍为止。

自我介绍不仅仅是自己说，还是倾听对方并记住对方所说内容的训练。我要求他们尝试准确记忆同事说的话，看能否完全记下来。

如此几周之后，我再突然发问：“喂，那家伙的姓名和他的家庭成员都记住了吗？”“啊，还没记住？今后要一起长期工作的同伴的话你都记不住，怎么搞的？那好，再去练习一次自我介绍吧！”

因为他们不习惯长时间听人说话，在反复进行自我介绍的过程中，注意力容易中途涣散，不是抚弄头发就是晃腿，要不就是看表……

于是我的斥责声再次响起：“别看你们都是高中毕业，你们能进行准确的自我介绍吗？”结果没有取得任何进展，一天时间就过去了。新学徒入社的第一天基本是在自我介绍中结束的。

也许有人认为无须这么严格要求，但我觉得如果一名工匠不能很好地进行自我介绍，他就无法让客户赏识他的才干。自我介绍是向工匠这一目标迈出的第一步。

入社的第一个星期，我让学徒们反复练习自我介绍，直到完美无缺为止。在能够准确无误地进行自我介绍之前，他们还不能算正式入社。

入社之后，无论男女一律要剃成光头

学徒入社之后，要全部被剃成光头，不论男女。这是迄今为止已沿用三十年之久的秋山木工的规矩。

每年三月底，新录用的学徒入住秋山木工宿舍，开始他们的学徒生活。但这时他们还至多是个见习生，要正式入社还得通过一周后的考试。

能准确流畅地进行自我介绍吗？能阐述自己将来的奋斗目标和进入秋山木工的原因吗？能描述八年后自己的成长状况吗？能背诵“匠人须知三十条”吗？了解刨子的基本用法吗？能列举出30种木材的名称吗？……这些内容都在考试之列，只有合格者才能成为秋山木工的员工，也才有被剃光头的资格。

考试结束后，我最后一次确认录用者的决心——“哪些人愿意被剃光头发在这里学习？”结果所有人都举起了手。于是，剃发仪式开始。

垫布被铺在了车间的地板上，学徒们拿剪刀把自己的头发剪短；然后在一只大塑料袋上开孔，现场手工制作一条“披巾”并套在脖子上；再坐到钢管椅上，由前辈们用剃头推子剃成光头。这其中包括那些又哭又笑的女孩子。

“总觉得自己已经不是女孩了……”有着一双细长清秀眼睛的纤弱女孩抱怨说，由于自己被误认为是男性，进女厕反而感到很难堪了。

那么，为什么要如此决绝地让他们剃光头呢?

目的是让他们下定成为工匠的决心，在今后的四年学习期间，每天从早到晚只听我和前辈们的话，完全排除个人问题的干扰，投身到严酷的学习训练中去。

如果思想上三心二意，必然难以坚持到底。剃发的规定在面试的时候就预先告知学徒们。

最近，由于电视、杂志等媒体的大量报道，对于我们给学徒剃发感到吃惊的人不多了。以前不管是谁，听到这件事都会瞪大眼睛说：“啊，还要剃光头发呀?！”那些女性应聘者更是如此。即使本人同意，她们的母亲也大多持怀疑态度。

有一位女学徒的母亲刚开始听到这个规定时，不禁怒道：“这也太匪夷所思了。”她坚决反对女儿入社。女学徒于是邀请母亲一起到会社参观，承诺实地考察之后再考虑入社之事。我们请她们看工厂和集体宿舍，并让前辈学徒给她们介绍学徒的生活状况。随后到办公室进行面试，我亲自向她解释为什么要让学徒剃光头、为什么要制定如此严格的制度等问题。

“这是为了让他们下定决心，因为要成为一名真正的工匠，非得有这个决心不可。”

女孩的母亲在回归家庭专司主妇之职之前曾在会社干过，了解会社工作的严酷性，所以她说：“光从电视上看，你们的有些情况还真的不清楚。我的孩子就请多关照了。”——最后她还是同意了。女孩顺利进入了秋山木工，如今已走过了第四个年头。当问起当初入社的情形时，她这样回答：“虽然刚开始听说要剃光头，我和妈妈都非常惊讶，但转念一想，离家到全是陌生人的地方来学习工作也许是个不错的选择。况且同学们都是清一色的光头，也就没什么好担心的。如今回想起来，这还是一个美好的回忆。”

实际上，有时我也提醒徒弟或手下的工匠们，说“你们可不必再剃光头了”，但他们却回答道：“剃光头对我们来说是难得的体验，进入秋山木工的全体员工好不容易坚持到了今天，还是继续剃下去吧！”虽然这话里面也许有讨好我的成分。

诚然，假如没有制度要求，学徒们是绝无剃光头的机会的。剃头之后，他们就把学徒期间留光头的经历当成美好的回忆进行珍藏，并一直坚持这一传统。

禁止使用手机，联系方式仅限书信

学徒入社之后，就不能再使用手机了，即使是接发短信也不行。手机是很方便的联络工具，在工作上，它的优点表现在可以很快地联系上对方。但如果因为图方便，就什么事都采用手机短信进行交流，那就成了问题。没有了说话的习惯，不再习惯与人面谈，这对于工匠来说是致命的伤害。

虽然我们禁止使用手机，但并不阻止学徒和自己的家人联系，而是鼓励他们不断给家人写信，不写的甚至要遭到责备。寄给学徒们的书信都送到办公室，谁的父母写信频繁，谁的父母来信较少，一目了然。对于那些收信较少的学徒，我会问他最近是否给父母写信了，如果他说只写了一封，我就让他继续写："如果没收到回信，就多写几封，写十封总能收到一封回信的！"

最近，虽然人们写信的习惯正在发生转变，但我认为将自己的思想用文字表达出来是一件非常可贵的事。书信和口头语言的不同之处在于前者能留下痕迹。学徒们在研修中遇到了困难，反复阅读来自父母的鼓励信件，非常有助于自己回归初衷。

另外，学徒告知父母会社发生的事情也要通过书信。比如学徒出现了重大错误或者违反了会社纪律等，都不使用电话，而是用写信的方式向父母进行汇报。学徒和朋友之间的联系自然也只能通过书信。

最近的年轻人对于朋友的手机联系人中有没有自己很在意，他们害怕失去朋友或者被朋友嫌弃，不管什么事都要顺着朋友的意思去做。秋山木工禁止使用手机的规定，可以将孩子们从这些烦恼中解放出来。

另外，写作也是一种训练。在他们成为工匠之后，也许会遇到需要给客户写感谢信的情况，那时如果连一封信都不会写，就无法胜任工作。

就如此说教的我来说，在六十岁之前也写不出一封让人满意的信。因为除了自己的姓名，大多数汉字我都不会写，所以从二十七岁创立现在这家会社开始，写感谢信时，就一直是由我口述、妻子记录，很是辛苦。正因如此，我才要训练徒弟们写信。

仅在每年的盂兰盆节和过年时才能和家人见面

在秋山木工，从学习和工作中解放出来的时间只有盂兰盆节和过年的十天休假。这期间，徒弟们可以回家省亲。其他时间，即使是去看父母也不被允许。因为这些二十岁上下的年轻人，每天过着挨骂且难以适应的集体生活，如果他们和父母见面，必定产生思乡之情。为了让他们把心思都集中到工作上，并适应会社的生活，就不能使他们精神松懈。所以，除了放假期间，学徒不得和父母进行任何会面。

即使关东近郊的家庭有人来访，称自己已经到了会社附近，也会被拒之门外。因为大家都很想家，不能对某个人特殊对待。学徒们简直是扳着手指头计算日子，等待盂兰盆节或正月的到来。

特别是第一年的盂兰盆节，所有人都等得心中发焦，盼望着早日踏上回乡省亲之路。虽然想着要买点什么礼物带回去，但左思右想，却迟迟拿不定主意。伤了一番脑筋之后，有的学徒最终买了几个包子带回家，送给了父母。

从他们的师兄那里听到这些故事后，我马上对这些学徒说：“买包子回去那是没有办法，但父母对于你们的归来是真正感到高兴的，你们带着自己的工具回去吧！”

入社不久，学徒们就要利用会社的工具制作自己专用的刨子。我告诉他们可以带着自己亲手制作的刨子回去，并且为父母表演刨木板。对于父母来说，一年当中见到自己孩子的机会少得可怜，正因为机会难得，让他们看看孩子的表演、了解孩子的成长才是最重要的。孩子的成长是送给他们最好的礼物。

禁止父母提供生活补助或给零花钱

我们会社规定，学徒的宿舍费从工资中扣除，伙食、照明和煤气费等从每个宿舍积存的1万—2万日元的公积金中扣除。除去这些生活费和杂费之后，每个人每月手头还有3万日元左右。然后学徒们需要准备刨子、凿子(每种一把)，按顺序购齐工作必需的工具。

工具是匠人的“生命”。我要求弟子们必须自己掏钱购买工具。因为工具不齐全，工作就无法进行，所以在入社后的两三年时间里，学徒们的大部分工资都要用来购买工具，基本上没有余钱买别的东西了。

尽管学徒们经济上都很窘迫，但我们依然禁止家长给学徒提供生活补助或零花钱。学徒入社的时候，钱包里装个3万—5万日元，自然无可厚非。但如果他们在盂兰盆节或正月回乡省亲时收了相当数量的金钱，或者有父母在邮件中夹带现金寄过来，我们会勒令学徒立刻寄回去。不过我们从不检查从故乡返回的学徒的钱包。

那么，为什么我会知道学徒从家里拿了零花钱呢？

因为行动是思想的忠实体现。假期结束后，有的学徒突然用上了特别高级的工具，有的则变得财大气粗起来……如果一起生活，这点小变化自然能很快察觉。

这时我就要训斥他们了——“是不是从父母那里拿钱了？父母给的那也是父母的钱！写信给你们的父母，就说社长生气了！”

也许有人会说，学徒接受一点家里的资助，用来购买工具有什么不好？为了成为工匠，配备高级一点的工具有什么不对？但我反对这种观点。因为我认为经过辛苦劳动拿到的工资和别人资助的钱，即使金额一致，其价值也有很大的区别。将辛苦劳动好不容易挣得的工资积攒起来去购置的工具，能勾起人的很多怀想，因此会被当成宝物珍惜。

我当学徒的时候，工资很低。但即使如此，每次发工资之后，我都会飞跑去工具店，花光仅剩的一点钱，购买新工具，那时的心情称得上是兴高采烈。因为没有多余的钱，不能经常购买新工具更换旧工具，所以我对买回的工具特别爱惜。

而如果是从父母那里拿钱购买工具，难得的辛苦就成了“泡影”，我们无法感受到辛苦劳动挣得的工资的价值。使用别人资助的钱购买的高级工具，往往不会让人有任何感动。我们会怠慢作为工匠“生命”的工具，以至于全无珍惜之心。

痛苦的思考和艰苦的学习是为我们的将来准备的粮食。如果你有“曾几何时是多么辛苦”的记忆，在遭遇逆境的时候，就会产生“当年学艺的时候更辛苦，现在这点困难算不了什么”或者“和那时候相比，如今已经很不错了”的想法。

据说狮子会把自己的孩子推下万丈深渊以锻炼它们的能力。我们现在居于人下辛苦劳作，是为了将来有一天跨越险阻，这也就是所谓的先期“投资”。

实际上，每当发工资的日子到来之际，学徒们都要急不可耐地查询下次的休假时间。在难以获得休假的日子里，他们就要求去工具店，这种心情一直保持到第二年、第三年。比如看到前辈使用刻有自己姓名的工具干活，他们很羡慕，也想买一把刻有自己姓名的工具。我经常能看到拿着钱包去工具店的学徒。

正因为是几乎花光了自己的所有积蓄购置的工具，所以学徒们才格外爱惜。

研修期间严禁谈恋爱

我们会社每年录用2—10名新员工，最近因为报名者中女性增多，每年录用的男女员工数基本相当。新入员工有的是高中毕业后加入的，有的是大学一毕业就来应聘的，几乎所有人都在二十岁上下。可能他们的很多朋友还在享受大学生活，但作为学徒，他们在四年时间里是绝对被禁止谈恋爱的。

四年研修期间，除了考虑如何成为一流工匠外，别的什么都不要想，抛弃一切私心杂念，专心学习至关重要。因为学徒们还只有二十岁左右，即使舍弃一切也没什么大不了的。等成了真正的工匠之后，那些舍弃的东西都可以重新拿回来。所以我希望他们在这段时间里一门心思地学习。

学徒之间的恋爱行为也同样是被禁止的。一旦被发现，即使本人道歉、父母写信求情，一概不予原谅，立即开除。

也许有人认为初犯可以被原谅，但我不会饶恕。因为一开始就警告过学徒们了——犯规就要被开除。此时对他们姑息、纵容，会导致会社的规章制度乱套。我们禁止学徒谈恋爱也仅限四年学徒期内，只要熬过了这段时间并专心学习，他们将会掌握一项对其今后的人生始终产生积极作用的技能。

学徒研修结束后，恋爱禁令随之取消。在他们结束四年研修生活，成为工匠之后，我开始催促他们谈恋爱。对于那些老也找不到对象的工匠，我甚至亲自去教。我给他们唯一的建议是：谈恋爱不要在自己落魄时，而应该选在事业有成之时。因为成功人士能够深入了解对方，建立起良好的恋爱关系。

至此，我介绍了秋山木工工作上的规章制度。那么，弟子们每天的生活是怎样的呢?

早晨5点之前起床，首先是长跑

丁零零……

宿舍的闹钟响了。屋外还有些黑，空气冰凉。过了一会儿，学徒们慢吞吞地集合到一起。秋山木工的一天从早晨6点开始，起床之后首先要做的一件事是长跑，绕着街道跑一圈，时间约十五分钟。

每天早晨的长跑，全员参加，当然我也不例外。

早晨长跑是从二十五年前开始的。那一年我们史无前例地招进了8名新员工，是史上招工最多的一年。我感觉压力很大——如果不能通过彻底训练将他们培养成真正的工匠，我就失职了，因此进行了各种尝试。

在办公室里，我立起了“秋山道场”的牌匾，并且从习字到打算盘，教员工们学习。大声进行正确寒暄的特训也始于此时。我让他们向从办公室门前经过的人打招呼，即使是陌生人也不放过。由于打招呼时声音很大，弄得住在附近的人都害怕了，渐渐地不再有人从办公室门前过。

长跑是那时开始的习惯之一。最初是十天或两周绕街道跑一圈，最近几乎每天都跑，而且全员参与。实际上，两年前医生就曾警告说，我体内的胆固醇过高，就此下去将很危险，要注意简餐并适度运动。从那以后我就开始每天跑步。因为我跑，学徒们当然不能不跑。等到全体员工都开始跑起来的时候，我的低密度胆固醇已经由最初的220下降到了140，连医生都吃惊地问我是怎么做到的。

这个结果完全得益于每天早晨和弟子们一起跑步。虽然当初开始跑步并不是为了学徒，而是为了自己的健康，但现在通过和大家一起跑步，有了一种一体感，真是不可思议。

料理大家做，吃不完要道歉

为住宿舍的全体员工做早饭是一年级学徒的任务。为了大家在跑完步回来后能马上吃上饭，他们早上4点半就得起床准备。男孩子都是来这里后第一次握菜刀，女孩子也不是一个人就能做出满意的饭菜。因为他们只用过自动点火式炉灶，很多人连厨房用的旧式炉灶的火都打不着。为此，师兄就从切菜的方式开始一一教他们，包括怎样煮饭、怎样做汤等。

早餐时，从一年级到四年级，全部二十多名学徒聚在一起，围桌而坐。单是摆放餐具就很费劲，如果不能设法统一安排，甚至无法摆下所有餐具。刚入社的孩子光是摆放餐具就要花20—30分钟，所以他们只做这点事。

因为学徒来自四面八方，从北海道到鹿儿岛各地都有，所以不同的伙食负责人做出来的饭菜风味也各不相

学徒们一起用餐

同。东北人做的饭菜味道浓厚，这让喜欢清淡的关西人难以适应，反之亦然。

但我们禁止任何挑食行为，即使遇到不喜欢吃的饭菜也必须吃下去。一个人如果挑食，那么以后他就可能挑剔工作和客户。而工匠必须得是多面手，对他们来说，能够应付各种难题非常重要。

女孩子常为不能吃光预定的饭菜而苦恼。一年级女生经常抱怨说，将所有饭菜全部吃完真的很难，一想到必须在规定时间内吃完饭，就越发吃不下了。于是我们规定，万一有人吃不完饭菜，就必须道歉。

因为工匠的工作是制作产品，所以在日常生活中必须懂得珍惜。我希望他们对于做饭的人以及为我们生产食材的农民都能怀有一颗歉疚之心。我每天早晨和学徒们一起吃早饭，大家一起做、一起吃。会社通过吃同一口锅里的饭来培养集体意识。

工作从扫除开始

吃过早餐收拾完毕后，所有学徒拿起扫帚和簸箕出去大扫除。扫除范围从办公室附近的一个信号灯到下一个信号灯，距离约200米。大扫除是由一些小事引起的。

家具制作过程中需要搬运木材，还要经过机械切割等加工程序，这会产生很大的噪声，无论如何会影响周边住户的休息。而我们的工厂建于二十五年前，并非古已有之，所以周围的邻居们不可能习惯这样的环境。

为了至少不触犯众怒，我想为街道做一点力所能及的贡献，于是决定开始扫街。刚开始扫街的时候，只有我和另外一个从事管理工作的女同事两个人，渐渐地，我想到要让徒弟们也来干——“我们给周围的邻居们添了很多麻烦，必须为他们做点什么，是不是？”

徒弟们也意识到了噪声污染的问题，所以都答应

学徒们在打扫街道

了。尽管如此，学徒们开始扫街的时候还是很勉强。奇怪的是不久他们就变得很卖力了。也许是因为看到自己的劳动成果，心情大好的缘故吧。据说最近哪怕看到有一个烟头被丢在路上，他们都觉得难受；外出也不再轻易制造垃圾了。这是我所没有想到的，我非常高兴。

邻居们也对我们的行动表示欢迎。虽然我们的初衷并非为了某种荣誉，但最终街道还是表扬了我们。

这里说一点题外话，听说广岛县的“暴走族”曾非常猖獗，经常和学校师生或警察发生冲突。为此，“日本黄帽子”（YELLOW HAT）株式会社的创始人键山秀三郎先生创立了“美化日本协会”，在警察的协助下，让那些“暴走族”去打扫厕所。刚开始“暴走族”们打扫厕所是为了减刑，渐渐地他们主动要求干，最后很多青年脱胎换骨成了新人。由此可见，扫除是很有魔力的。

早会上跟着朗诵『匠人须知三十条』

跑步、早餐和扫除结束后，已经过了早上7点，工作由此开始。

首先是早会。在大声完成“早上好！”“谢谢！”等基本寒暄练习后，是一天工作计划的确认。之后是全员跟着朗诵“匠人须知三十条”。

所谓“匠人须知”，是对工匠立身职场时应有的思想准备所进行的说明，全部三十条都采用“进入作业场所前，必须做到……”的形式。其中“可进入作业现场”的意思是“可以开始工作”。条文具体阐述的是能够准许人开始工作的一些条件。

这“三十条”堪称秋山木工的“社训”，是为了让弟子们永远牢记“一流的工匠是怎样的工匠”这个概念而制定的。在学徒们入社之初，我就给每人发一份用毛笔誊写在A4纸上的“匠人须知”，让他们熟记，直到能一字不差地完全背出为止。

虽然这些条文都是很基本的行为规范，但却受到中小企业经营者的最大赞誉。那么，到底是怎样一些内容呢？让我按顺序做一下介绍吧！

1. 进入作业场所前，必须先学会打招呼
2. 进入作业场所前，必须先学会联络、报告、协商

这是现在很多企业在培训新员工时都会引用的最基本要求，俗称“报·联·商”，是以团队为单位开展工作所必不可少的基本事项。

3. 进入作业场所前，必须先是一个开朗的人
4. 进入作业场所前，必须成为不会让周围的人变焦躁的人
5. 进入作业场所前，必须要能够正确听懂别人说的话
6. 进入作业场所前，必须先是和蔼可亲、好相处的人

这里提到了工作中的态度问题。木工作业不是一个人单打独斗，而是需要和其他工匠配合完成。此外，做好的产品还要送到客户那里去。一个能够制作出让客户满意的产品的人，一个在一起工作时能够让

人感到快乐的人，就是能够照顾他人的人。我的会社会将工作交给他们。

7. 进入作业场所前，必须成为有责任心的人
8. 进入作业场所前，必须成为能够好好回应的人
9. 进入作业场所前，必须成为能为他们着想的人
10. 进入作业场所前，必须成为“爱管闲事”的人
11. 进入作业场所前，必须成为执着的人
12. 进入作业场所前，必须成为有时间观念的人
13. 进入作业场所前，必须成为随时准备好工具的人
14. 进入作业场所前，必须成为很会打扫整理的人

这里，我要对工作准备问题做一下说明。

不迟到；通过整理准备，保证随时可以开始工作——虽说这些都是应该做到的，但是非常重要，必须牢记。

15. 进入作业场所前，必须成为明白自身立场的人
16. 进入作业场所前，必须成为能够积极思考的人
17. 进入作业场所前，必须成为懂得感恩的人
18. 进入作业场所前，必须成为注重仪容仪表的人
19. 进入作业场所前，必须成为乐于助人的人

无论是谁，必须谦虚才能成长。傲慢的人只顾自己，既不会有感恩之心，也不会关怀别人，所以无法成为一流人才。这几条说明了谦虚的重要性，指出要成为一流人才，应有一个积极的心态并对他人心怀感激，同时始终思考现在的自己所需要的东西。从这条开始，后面的内容可能比基础部分的要求稍微有所提高。

20. 进入作业场所前，必须成为能够做好自我介绍的人
21. 进入作业场所前，必须成为能够拥有“自豪”的人
22. 进入作业场所前，必须成为能够好好发表意见的人

自我介绍和“自豪”，都是为了让对方认识和理解自己而采取的必要手段。但这并不意味着做“应声虫”，而是有自己的主见的同时，让对方理解自己，这点很重要。

另外，学会“自豪”也很重要，但这里所说的“自豪”和“吹牛”是完全不同的两个概念。比如在说明自己制作的产品时，声称使用了多么好的材料，为了方便使用又采用了多少技术手段等，都属于“自豪”的说明，翻译成英语就是presentation。相反，如果你说“怎么样，我们的产品不错吧？！您是外行，可能不懂这些！”那就是彻头彻尾的自吹自擂了。一些老派的旧式匠人中就有这样一些自以为是的人；而真正的职业工匠，只重视通过

正确的“自豪”用语来进行说明。

23. 进入作业场所前，必须成为勤写书信的人
24. 进入作业场所前，必须成为乐意打扫厕所的人

这两条讲的是徒弟们即使在日常生活中也需要做的事。在别人为自己做了什么之后，给对方发一封感谢信是商务生活中的一项重要内容。而扫除，正如前文所述，是培养自己谦虚之心的好途径。

25. 进入作业场所前，必须成为能够熟练使用工具的人
26. 进入作业场所前，必须成为善于打电话的人
27. 进入作业场所前，必须成为吃饭速度快的人
28. 进入作业场所前，必须成为花钱谨慎的人
29. 进入作业场所前，必须成为“会打算盘”的人

这几条谈的是工作上的技术问题；以及作为专业工匠，在打电话的方法、金钱意识与一些常识性技能方面的要求。

30. 进入作业场所前，必须成为能够撰写简要工作报告的人

在会社，我要求弟子们每天在绘图本上写工作报告（关于报告的详细情况，将在后文交代），我认为是否能写好一篇报告对匠人来说非常重要。

以上就是“匠人须知三十条”。每天早晨全体员工都要跟读，以振奋精神。上午7点半，早会结束后，徒弟们开始进入作业场所前，我一边送一边说：“今天要好好干，争取获得客户的赞扬！”

社长参与所有的活动

无论是早上的跑步、早餐，还是扫除等其他活动，我都全程参与。因为我是社长，当然应该这样。我始终和徒弟们在一起有个好处，那就是当出现问题的时候能迅速发现。

例如一起进餐的时候，我会严格检查他们的吃相。因为也许今后他们会遇到客户请客的机会，所以需要懂得一些这方面的礼仪。而平时在一起吃饭，我就可以及时提醒他们相关的注意事项。

扫除或长跑时，我在与不在，情况完全不同。虽然我不在，弟子们也不会偷懒，但如果我在现场，大家都会紧张起来。因为我偶尔也会发火："你这不是一点进展也没有吗？"现场的气氛因此变得有些紧张，大家不知道什么时候社长就要骂人。另外，和徒弟们一起也是为了掌握他们的心理活动。例如一个挨了训斥的弟子，到了第二天，他是垂头丧气还是已经变得高兴了，抑或是还在闹情绪等，一看表情马上就明白了。如果还是垂头丧气的状态，我就会说，“干吗成天黑着个脸”，让他们笑起来；而如果是闹情绪，则提醒他们注意调整。掌握了弟子们的状况，便可以立即进行应对。

对于工匠来说，工作“现场”是最重要的，而对社长又何尝不是如此。有句话叫“现场有神灵”，信哉斯言！

紧张的每一天，学徒的平均睡眠时间为三至四小时

学徒们每天早晨4点半到5点起床，在车间完成工作任务，回到会社的时候，太阳早已下山。遇到订单多、工作繁重的时候，甚至要干到夜里10点以后。尽管如此，他们一天的任务却并没有结束，有时还需要为参加“研修生和工匠木工展览会”准备作品；或者参加为选拔日本最杰出工匠的赛事——“全国技能大赛”——而举行的个人特训。这些活动都是在每天工作任务完成之后开始的。所以即使过了半夜12点，车间里依然灯火通明。

对于学徒们来说，要养成少睡的习惯也是一件很辛苦的事情。他们的平均睡眠时间是3—4小时，因为太短，有些学徒站在莲蓬头下，洗着洗着就睡着了；还有的站在那里晾晒衣物时，迷迷糊糊、不由自主地欲向后倒。

虽然学徒们去工厂上班都乘坐电车，但没人坐下，

都站着。“因为坐下可能会给旁边的人增添麻烦……”一是担心睡过头；二是怕睡着后，头颈靠到旁边人的肩膀上。所以他们不敢随随便便就座。但站着也无法战胜睡意，还是会迷迷糊糊地睡着。曾听说过这样一个故事，一学徒乘车时打瞌睡，在睡着那一瞬间，抓吊环的手突然松开，垂下来拍打在坐在前面乘客的头上了。

学徒由于睡眠不足闹出了很多笑话。我曾把他们集中在一起讲述这些故事，他们一个接一个地说了很多。在谈论这些失态的情况时，虽然他们的表情还是很疲倦，但也可瞥见每一天战胜紧张的自信。

教导学徒『难得糊涂』

在秋山木工，我的命令是绝对权威。不必说木工作业的方法和技术，就是生活方面的问题，也必须按照我说的去做。

所以我教导学徒们不要耍小聪明，要“难得糊涂”。比如我让他们试着去做，他们就应该什么也不想地试着去做，这种服从的态度非常重要。

一名真正的工匠是能做好自己喜欢的事情的。所以我希望他们在八年时间里认真地听我传授知识并加以实行。为此，“难得糊涂”是必需的。

“虽然社长那样说，但和我所知道的不同。”

“或许社长说错了吧？”

停止诸如此类的想法，先按照我说的去做。所谓“难得糊涂”，实质就是诚实和谦虚。

最近的年轻人总是不习惯被命令和挨训斥，所以刚开始的时候非常抵触，自尊心强的孩子尤其如此。那些大学毕业生怎么也做不到“难得糊涂”，为此很是苦恼。

虽然我的会社员工之前多是高中毕业即入社的，但最近很多大学毕业生也前来应聘了，而且毕业于名牌大学的学生还在不断增多。秋山木工的入社资格规定是高中以上，没有要求一定得大学毕业。但如果有大学生来应聘，我们就要刨根问底地追问他上大学的动机是什么，不仅要让本人，还要让他们的父母思考这个问题。如果本人回答不出在大学都学到了什么，我们就要去问他的父母，“为什么要把孩子送去上大学，是不是就想让他去玩几年”，这样听起来很刺耳的问题。

即使通过了这样的严格问讯并获得录用，他们的待遇也和比自己小四岁，高中毕业后即入社的同事完全一样。而且他们还要挨骂受训，所以会觉得会社的生活没意思。实际上，在我给弟子们下达工作指令的时候，高中毕业的学徒大多会遵照指示“先做着再说”，而大学毕业的学徒在做前总要先思考一下，结果相比之下他们的行动就显得慢一些，所以挨骂的时候也多。

因为进入秋山木工的人都是希望向我学习技术的，所以目前不需要独立思考能力。研修期间，只需“难得糊涂”地根据我的指示去做，坚持四年即可。如果不能做到这一点，则徒费时日，结果必然受损。

入社之后，暂时放下自己的自尊心非常重要。“也许大学白读了”——当这样的想法冒出的瞬间，要立刻提醒自己：决不能让大学的学习时间付之东流，一定要活出生气来。

要成长，先学“傻”，这是最好的成功捷径。

每天拿出101%的努力挑战工作

研修生活中，学徒们每天面临着繁重的学习任务，但我绝无让弟子蛮干的想法。

经常听人喊口号，说要拿出200%的力气去努力工作，对此，我每次都感觉很别扭。即使一天能拿出200%的精力，这样的情况也难以持续。如此辛苦拼命，我认为当然无法长期坚持。

人是一种奇怪的动物，努力过头了就会走向反面，之后往往变得懒惰起来。因此秋山木工禁止“拼命努力”，所谓“拼命努力”其实是“蛮干”。虽然“一生悬命（即拼命努力）”很重要，但如果蛮干，则难以持续，反而会产生不得不干的义务感，致使精神疲惫。所以“拼命努力”是不能持久的。因此，我们倡导“认真去干”，工作中时刻保持一种“认真”的劲头，就能持之以恒。

那么，如果每天拿出100%的力气投入工作行不行呢？

每天拿出100%的力气投入工作，即使坚持一个月或者一年，也不会有进步。不仅是没有进步，由于短期内养成了习惯，等醒悟过来的时候，往往发现自己只能使出80%的气力了。

所以我总是要求弟子们每天使出101%的气力去挑战工作，今天比昨天多1%的努力，这样坚持下去也不会觉得很难。只要比昨天稍微加把劲，每天前进一小步即可，如此坚持下去，不知不觉就能效果倍增。

第三章

越是笨拙的人越能成为一流人才

第一份工作从家具的送货开始

学徒们进入会社后的第一份工作是送货。

刚入社的学徒还不能制作产品，他们的任务是将工匠们制作的家具交付客户。这是一个非常重要的工作，首先要能够正确地进行寒暄并做到礼仪周全得体，否则就是对客户失礼。另外，送货还能测试送货人能否小心谨慎地保证商品不受损坏并快速及时地送达。

展示架或桌子等家具，有些重达100公斤以上。但不管是女学徒还是身体瘦弱的男孩，都毫无例外地不能幸免，无论任务多么艰巨，他们都必须完好无损且准时地把货物送到目的地。

我当学徒的时候，最初的工作就是送货。

工匠制作商品并销售出去，才是完整的买卖过程。如果他们仅仅是将生产出来的产品交到客户手里，就体现不出工匠的价值了。在我跑腿的时候，大部分工匠都在工厂里埋头制作商品，而不和我同去送货。

如此一来，他们无法了解客户对产品的反应是喜欢还是不满意抑或生气。因此，虽说送货工作没什么价值，但只要有时间，我还是亲自去干。当家具搬进客户的房间之后，我会要求对方给予评价，并希望看到客户满意的笑脸——仅此而已。

让徒弟们去送货，也是希望他们能够了解这种感觉。作为商品制作来说，考虑客户的要求，想象如何让自己的产品令客户满意，这是非常重要的。为此就需要和客户进行实际接触，观察客户拿到商品时的表情。为了让弟子们积累相关经验，我鼓励他们去送货。另外通过和客户进行接触，还能掌握寒暄方法、最起码的礼仪以及仪容仪表的整理修饰等，从而学到成为社会一员所应具备的基础知识。

前辈指导后辈

我们会社的基本做法是前辈指导后辈。刚入社第一年，向新学徒传授木工工具的使用方法、大型机械的操作方法以及现场的行动守则等，全部由前辈学徒负责。

要在短期内成长为真正的工匠，不从事指导后辈这样需要慢慢进行的工作，而专心致志磨炼和提高自己的技能，效率会更高。

也许有人认为指导后辈会耽误自己的时间。但我坚信，指导别人绝不是浪费自己的时间。如果你去工作现场倾听一下学徒们的声音，马上就能明白我为什么会这样说。比如一个三年级前辈这样说道："要指导别人，自己必须精通。即使有一点不太清楚的地方，也会不放心，觉得还是弄懂了的好。一旦开始指导后辈，你就会发现自己必须完全理解所传授的知识，否则工作就无法开展。"

大学毕业后入社的三年级学徒说："通过自己的实际操作让后辈们观摩，相对比较简单。但由于对方都是些连机械开关都不知道如何打开的人，所以还必须开口去说，才能让他们明白。要指导他人，就要思考如何更好地使用语言，以便说得通俗易懂。这是很重要的。"

所以，前辈们为了完成指导后辈的任务，总在绞尽脑汁地想办法。而我认为这个探索过程是非常重要的。为传授方法伤脑筋，说明自己对这个技术的理解也不透彻。要指导后辈，自己非完全弄懂不可；而且还要一件一件地对事情进行确认，在自己的头脑里进行整理，并用通俗易懂的语言表达出来。

这就是说，要做到有效传授，前辈必须得对生产工序反复进行确认。而这个过程对他们本人来说是非常好的复习。这样一来，指导者在确认知识的同时也让自己有了收获，从而推动自己的学问更进一步，就像受教于他人一样。学习下一步技术并进行实践，然后反复确认再教给后辈，在此过程中，指导者本人也能获得成长。

将自己辛苦习得的知识和经验传授给后辈，未免可惜；后辈们应该自己刻苦去学才好——在一般企业里，持这种想法的人越来越多。但我认为这样的人太小气，如今社会上，慷慨大方的人愈发少了。

工匠世界也一样。很多人都误以为自己成才只是个人努力的结果，这是很令人遗憾的。在我的会社学习八年并最终独立出去的某个工匠曾经就是这样。

他是个非常优秀的工匠。在我的会社工作八年之后，他去北海道的一家工厂积累经验，然后又西渡德国进修，两年前开始独立创业，成立了自己盼望已久的会社。如今我们两家还在往来，在他缺人手的时候，我会派一些徒弟过去，让他们在那里积累工作经验。

因为两家保持着这样的联系，我的徒弟们对他也非常尊敬，所以后辈们有天就向他提出，希望他将在北海道和德国学到的东西传授给他们。但这时他却露出了为难的神情，拒绝说："我的经验都是我刻苦学习并花钱才积累起来的，不能教给你们。"并说与其听别人讲，不如自己亲身去实践。

从一般人的角度来看，他的想法也许并没有什么错。因为有些事情不亲身去体验，确实弄不明白，这是事实。

但在秋山木工，一个人成才并不仅仅是在这里待上四年就可以了。和以往不同的是，现在缺乏制作经验的孩子正逐渐增多，很多孩子入社之初连刨子的使用方法都不知道。要将这样一些学徒集中起来进行短期训练，仅仅让他们去体验、去经历失败、去学习……完成这样一个训练周期，肯定是不够的，还必须调动所有的感觉器官，包括利用耳闻目睹的信息和手上的体验来学习才行。

对我的这个徒弟个人来说，将离开秋山木工去北海道及德国学习的经验传授给后辈，也是很有好处的。也许这位弟子后来认识到了这一点，现在，他在指导后辈上变得积极了。

说到工匠，在后辈眼里，他们也许都是不肯轻易传授知识、难说话的形象，但那不是“真正的工匠”。我认为，一个真正的工匠应该是抱着感恩的心态去培训弟子，并为此乐此不疲的人。

不是通过表扬而是通过批评来让人成长

我从不表扬徒弟。收徒三十年来，得到过我的表扬的弟子恐怕一个也没有。

很多人都认为培养人才应该通过表扬、鼓励的方式进行，在听持这种主张的人演讲的时候，我也曾想：的确有道理，我也要那样去做。但是刚想表扬某个人的时候，他却又犯了错，结果不知不觉我就发火骂人——这个混蛋！但现在我认为，批评未尝不是一件好事。

诚然，表扬和“戴高帽”确实能让对方看到自己的长处，从而进一步发扬优点。如果只是为了成为一名合格的工匠，仅仅发扬自己的优点也许就足够了。

但仅仅通过表扬是很难让对方将“不能”变为“可能”的。而任由其“不能”下去，则有可能导致无可挽回的巨大失败，对此我很害怕。另外，我也担心弟子们因为经常受到表扬而产生错觉，误以为自己已经成了合格的工匠，以至于不再有进取心。人类是容易骄傲的动物，我也不例外，所以禁不住忧虑起来。

因此，即使弟子们取得了某个阶段性的进步，我也不会说“到目前为止你表现不错”这样的话，因为后面还有决定日本最优秀工匠的全国技能大赛在等着他。关于这个内容我将在后文详述。就算他们在技能大赛上蟾宫折桂，我也没有表扬的话，因为我希望他们永葆进取之心。

我培养的工匠不是一般的“工匠”，而是德才兼备的工匠。我要把前来学习的所有学徒都培养成这样的人才。这个想法驱使我在认真施教的过程中，总要求他们不断追求更高的目标。为了成为德才兼备的工匠，“不能之事”还是应尽可能地少，出于这个想法，我才发火骂人。

我通过批评促使弟子们进步，如果发现他们有“不能”之处，则明确指出、提醒和反复批评，直至其练习到“可能”为止，而且批评的时候一定明确说明原因。

前几天，我让一个学徒制作画框，因为他弄错了尺寸，结果搞砸了。事情的原委是这样的。接受订单之后，他先做了一个幅宽为53毫米的样品并请客户进行了确认。虽然已经决定正式制作了，但我觉得画框的幅度应该放宽2毫米，于是指示那个学徒按照55毫米进行制作。

也许有人认为区区2毫米的误差算不了什么，但在家具行业，一丝一毫都不能出现差池，仅仅1毫米就将极大地影响产品的质量和效果。可是那个学徒还是按照样品的幅宽去制作了，也就是做成了53毫米幅宽的画框。

为此我大发雷霆："为什么不好好确认一下尺寸？犯下如此低级的错误，说明你心里认为'不过2毫米的误差，没什么要紧的'，这种想法不可饶恕，工匠讲究的就是这2毫米！"我让这名学徒自掏腰包，承担了该画框一半的材料费，并命令他给父母写信，报告这次失误的经过。

几天后，他的父母用快递寄来了回信。

"听了小儿信中所说之事，我们认为不能只让他承担一半材料费，而应承担全部损失。因为无论多么辛苦地工作，如果做出的产品客户不接受，那就和垃圾没有什么两样。虽然我们不懂家具制作，但如果出现2毫米的误差，那就不能称其为商品，而是垃圾。年轻时候的辛苦千金难买，这次事件是他领悟自己失败的重要意义的良机。今后请严格教导！"

失败并非坏事，但要思考为什么会失败，以免重蹈覆辙。

那个学徒因为挨了我的骂，开始多角度思考为什么会出错，为什么这次失败会产生恶劣影响等问题。虽然扣工资是严厉的处罚，但若不如此，他就不能很好地理解为什么要讲究这2毫米的问题。我认为这次经历让他得到了一个教训。

当然，对学徒批评的同时还要细心进行指点，批评的目的不是为了赶对方走人。对于不能承受批评的人，即使发火也无济于事，仅仅是浪费时间而已。

通过三十年来经历的各种事件和对遇到的每个学徒进行观察，我逐个评估了他们的忍耐力。在他们经历失败体验的同时，我逐渐掌握了对不同的人应该如何批评的分寸。

有一点我可以理直气壮地说，那就是我从来不曾因为谁做得差而嫌弃、谁做得好而喜欢，进行这样带有好恶色彩的批评。

虽然我从不表扬弟子，但他们却能在全国技能大赛上拿奖，做出的活计也总能得到周围人的高度评价。因此，那就把夸赞的任务交给周围人去完成吧，我还是负责让他们绷紧神经。

当着后辈的面，批评前辈

秋山木工每月在车间里举行一次“鸡素烧”（日式牛肉火锅）联欢会，每次点的都是“鸡素烧”。众人坐在一起，一边吃一边加深感情，这种场合下适宜的食物当然还是火锅，“鸡素烧”更是最佳选择。

虽然召开联欢会是为了让大家开心，但联欢会到底也是研修的一环，也是学习的机会。所以参加联欢的人都只能讨论学业上自己所不明白的问题，而严禁触及社会上的流行话题，并且规定每人都必须称赞一个平日工作态度好的人。

每年四月举行的“鸡素烧”联欢会，对于刚入社的一年生来说是他们首次参加的集体活动。刚走出高中校园的一年生们，在前辈的指导下，笨拙地烧制“鸡素烧”料理。

当长条桌上摆上一溜“鸡素烧”火锅时，联欢会开始了。不一会儿，勾人食欲的香气就飘荡开来。这一天，满二十岁者被准许喝啤酒。在夹肉扒饭之间，学徒们渐渐展开了笑颜，会场充满了和谐温暖的气氛。

有一次，发生了这样一件事。

那次的联欢会也和往常一样，在和谐温馨的气氛中进行着，大家一边吃着“鸡素烧”一边谈笑。突然我发现有一名三年生前辈和几位后辈竟穿着私服夹在其间。联欢会是秋山木工的正式活动，学徒必须身着背上印有“木之道”的工作服，工匠则要穿上号衣来参加。前一天我就再次强调了这些规则，现在他们却还是穿着运动衫来了。

这是需要注意的地方。这时如果你处在我的位置，会如何处理呢？

很多普通企业主都认为，上司不应当着后辈的面训斥前辈，即使前辈员工言行不当，也不能在有后辈的场合对他批评，这几乎已经是一条铁律了。具体到这次私服事件，通常的做法是等联欢会结束后，找他们个别谈话——为什么你们几个穿着私服来了？采行这种做法的人认为，当着后辈的面训斥前辈，可能会让后辈看轻前辈，从而不再听前辈的话。从保证指挥系统正常运行这个角度来看，这也许的确是正确的。

但我的想法和做法与他们是不一样的。

我会当着全体人员的面大声批评前辈学徒，不管有没有后辈学徒在场。比如前面说到的“私服事件”，我就不顾联欢会正处于高潮阶段，在众目睽睽之下怒骂了那个前辈学徒一顿：“已经说过这种场合必须穿工作服，为什么你还穿着私服来了？看看你的周围，你这样打扮，后辈们能不学吗？”

现场的和谐气氛为之一转，空气仿佛被冻住了一样。桌子中央的火锅已经沸腾了，也没人伸手去将火关小。大家都停了筷子，静静地立在那里。挨了骂的那位学徒则情绪低落，灰头土脸地垂下头。

那么，我为什么要当着众人的面对他们进行批评呢？

因为我认为后辈入社对前辈来说是个成长的机会。当着后辈的面批评他们，让他们明白：在后辈面前丢脸是多么羞耻的一件事，即使做了前辈，也丝毫不能马虎；同时深切地认识到在后辈面前挨骂是一件难为情的事情。

当最下层的学徒拟不出课题的时候，我批评的是指导他的前辈，而且要当着被指导者的面进行批评——为什么后辈始终拟不出课题？难道你的指导方法没有问题吗？难道不是你在指导过程中没有倾注爱心的结果吗？因为如果不把自己掌握的技术传授给后辈，那么那项技术就不能成为自己的东西，不对外传授，自己也无法获得进步。

最近，听说不批评部下的上司在增多。虽然我一直要求集团旗下的各会社社长要“认真地开展批评”，但他们却抱怨说怎么也拉不下这个脸来。这是由于他们缺乏开展批评的能量。批评者要有比被批评者高出十倍的能量，前者是在真诚地为后者着想。

我认为唯有批评才是真正的“爱”，我的弟子们对此都非常明白。有个四年生的学徒曾说过这样的话：“私下以为，如果不挨骂，我就完了。我知道有人说我是为了让我成长，有人能如此为他人着想，让我感受到了真爱。很少有人会因为同一件事而多次批评我们。”

被批评者也是认真的，因为他要承受十倍能量的冲击，如果没有做好充分的思想准备，是扛不住的。

越是手巧的人越容易早早辞职而去

有一句话叫“做事快”，很多场合它被作为表扬的话使用。那些能够在短时间内麻利地处理各种事情的人，对于企业来说也许可算重要人才。在如今这样一个越来越多的企业追求战斗力的时代，他们尤其受重视。

我的会社中也有做事快、手头灵巧的学徒，但“手巧”在这里不被特别赞许。能快速完成工作是很要紧的，因为从客户那里接受订单之后就要严守交期，具备时间意识非常重要。如果一个人仅仅是做事快、手巧，将来无法顺利在社会上立足。

例如教给刚入社的学徒钉钉子这件事。新入社的学徒中也有从工业高中毕业的，如A，毕业于工业高中，在学校时就学过了钉钉子的方法，熟悉这个。相比其他人，A钉钉子就很快，给他一张简单的图纸，不用教，他自己就能把钉子钉起来。

练习中的学徒

而毕业于一般高中的B(假设他没有钉钉子的经验)，由于手工方面的基础知识完全空白，怎样握锤、怎样拿钉、怎样防止受伤等要从前辈那里去学。在A完成任务一小时后，B才终于学会钉钉。要问A、B两人将来谁更有发展前途，我认为可能是后者。

因为手巧的人总能快速把事情做完，所以往往不具备"要学点什么""希望别人教点什么"的谦虚之心；而且他们总认为能够做这些事是理所当然的，因此即使达成了某个目标也很少能让他们感动。如此一来，发展的局限就产生了。

而且，手巧的人从小就被人夸奖，不习惯接受失败后的批评，心理承受能力弱，最后往往叫苦不迭，早早放弃。有些孩子在入社三个月后就辞职不干了，他们大多心灵手巧。到目前为止，同期入社的学徒中最聪明的孩子辞职离去的情况已经发生过多次。

在入社后的实际操作中，当他们发现自己比别人更能干时，就不免会翘尾巴。所以，对于那些聪明的学徒，我要进行彻底的训练，不断地批评教育："虽然你比较聪明，但不能摆架子、不能骄傲！要有一颗谦虚的心！"之所以要这样做，是因为带着一颗傲慢之心的人成了工匠之后，就再也无法矫正了，必须趁其年轻的时候彻底扭转。

而从雇主的角度来看，不断批评能干的人是冒险行为，因为老是挨批，他们就有可能辞职。但即便如此，我也不会改变我的教育方针。

我在当学徒的时候，见过许多聪明伶俐的师兄弟。那些技术好的人，总是十分傲慢，对客户常常满不在乎地说“你是外行当然不懂”一类的话，对后辈的指导也马虎了事，甚至欺负那些不太聪明的人。结果，很多人在会社里失去人缘，在会社外也不再受欢迎。我不想让我的学徒最后成为那样的工匠。

越是笨拙的人越能拼命工作

那么，不聪明的人会怎样呢？

“不聪明”不仅仅是手头的问题。例如，有人很难将钉子钉成一条直线。这不仅是手头灵巧的问题，而主要是因为他们没有思考如何将钉子钉成一条直线并去想相应的办法，大部分情况都是如此。

这样说的我，实际上就是个不聪明的无能学徒的典型。那时的笨拙现在回想起来还觉得脸红。因为我给前辈增添了许多麻烦，所以特别能理解“不聪明”的学徒们的心情。

即使刚开始手头不够灵巧，只要反复练习，还是能够做好的。“将钉子钉成一条直线”也可以做到。有些不够灵巧的学徒，在入社之初，钉钉子总是不直，经过持续练习之后，很快便能钉得笔直了。不聪明的人能够了解自己的不足所在，并主动反复练习。学会之后，会为自己的成功而感动，从而提升自信。于是，他们总在孜孜不倦地练习，随着掌握的技术不断增多，自信也在一天天增长，水平最后终于发生了质的变化，这样的情况经常有。

我之所以重视人的心性培养甚于技术，原因就在于此。只要是个踏踏实实练习的人，即便刚开始做不好，终究能够获得突破、取得进步。只要秉持一颗谦虚之心并专心致志地持续努力，就一定能够取得大成就。

丢脸宜趁早，二十多岁经历挫折没什么大不了的，何况又不是人生最大的失败。

因为聪明，成功让一些人变得容易骄傲；而笨拙导致初始阶段的频繁失败，反而让另一些人变得踏实。所以我相信，十年后的赢家是后者。只要拥有一流的心性，他的技术必能达到一流水平。

严酷的学徒时代，有一些人中途开了小差

和其他木工会社相比，我们对学徒的训练要严格得多。不仅要经受住集体宿舍，和学徒们24小时在一起生活、工作的体力上的考验，还要承受挨训带来的精神压力。

学徒们的思想变化，虽因人而异，但主要过程是可以确定的。

首先，学徒入社之后马上感受到学徒生活的严峻性远超自己的想象——到了一个意想不到的地方。无法适应新生活的节奏，体力跟不上，于是他们开始动了辞职的念头。

第二次危机一般发生在第一年的夏季前后。这时虽然已适应了新生活，但他们还在反复练习基本技能或给前辈打下手，每天做的都是辅助性工作，于是有了走进死胡同的感觉，认为自己进木工会社并不是来做这些杂

事的。随着季节轮回，到了第二年、第三年，这样的迷茫感依然存在。

实际上，这时有些学徒就中途开小差了。

曾有一名学徒，四年研修期内逃跑了三次。每次都是在晚点名结束后至第二天早上跑步这个时间段，偷偷从宿舍溜出去的。她家在千叶县，她是从会社所在的横滨换乘电车回老家的，有时也去会社附近的朋友家。

在回顾这段经历的时候，她说："虽然自己是怀着将来也能成为一名合格工匠的梦想在努力工作，但耳闻目睹学生时代的同学游山玩水的快活的样子，初衷渐渐变得淡薄了……每天干着同样的活，能不能真的成为工匠？——这样想着，意志逐渐薄弱。"

当初学徒入社的时候，是我和他们的父母多次面谈之后才接收他们的。现在想走就走、任意而为自然不能答应。

每次这名女学徒出走，我都要亲自去接她回来。

"你是否真的不喜欢制作家具？"我问她。通过一番交流，女孩被说服，回了宿舍。

还有一个从著名的国立大学毕业后入社的学徒也是如此。他的理想是和大学时代的朋友一起从事建筑事业。因为每天都要挨骂，渐渐地他对我的授徒方法产生了疑问，并且有次直接说出了想辞职的打算。

我没有挽留他，而是让他在辞职离开之前去找一位现在正独立经营木工工房的前辈谈谈。而对于那位前辈，我也没有要求他去做任何挽留的工作，只是让他如实说出自己的想法。结果，那位从我这里毕业的前辈这样告诉他的学弟："辞职可以随时去办，但在辞职之前是否应该再考虑一下呢？秋山木工制作的家具，你真的都做过了？按照我的认知标准，人之所以感到困惑，是因为他们拿不定主意。现在如果你感到困惑，暂时不要急着走当然是最佳的选择。"

一番话让那个学徒改变了自己的想法。从那以后，他的态度大变，工作上表现好得让人几乎不敢相信自己的眼睛。

让学徒在绘图本上写报告

在工作现场完成作业任务的学徒们回到会社，还有一件每天必须要做的事情，那就是在绘图本上写报告。

在秋山木工，学徒从入社开始要花四年时间学习木工基础知识和技术。我在成为工匠之前曾当过五年的学徒，这五年的学徒经验，现在我把它浓缩在一年时间里传授给弟子们。

那么，怎样做才能让他们早日成为合格的工匠呢？我所能想到的就是写报告。

学徒们用眼睛看我或前辈的实际操作、用耳朵倾听讲解，通过调动身体的各种功能来学习。这部分知识和技术已经尽力交给他们了，无法再做强化。

剩下的就是“思考”。回顾一天当中所做的工作并进行反省，考虑第二天应该达到的目标。要完成这个“思考”任务，最有效的手段当属动笔去写。工作报告的内容仅限于对当日所做工作的记录，主要是记下没有做好或者不会做的事情，并自己探究其中的原因。

每个人都不愿意去回忆那些不堪之事，希望将它们付之流水，永远忘记了才好。但现在需要写报告，就无法忽视它们了。即使不愿意，也要回想那些做得不好或不会做的工作并且去反省。

要在短时间内成长为合格的工匠，只能允许自己失败一次。所以和那些会做或者做得好的工作相比，分析自己今天都做错了什么、做错的原因更为重要。

写报告不用笔记本，而采用绘图本也是有原因的。笔记本上都有现成的线格，写报告的时候必须得按照线格来写，这样就很难写出独具一格的报告来。而采用设计用的大开本纯白绘图本，书写方法就自由了，学徒们可以按照自己的想法，创造性地写作。比如钉钉子的方法，有的人会用文字描述注意事项，而有的人则用图解的方式将正确和错误的做法都表现出来；还有凿子和刨子的使用方法，有的学徒就通过画出非常形象的示意图来帮助自己记忆。学徒中有的会画画、有的会写文章，在报告的写作方法上就体现了每个人的个性。

刚入社的时候，学徒们写报告需要约一个小时。经过两周练习，习惯之后他们都能在30分钟左右完成了。

报告写完了，但工作并没有结束。

一年级学徒的报告写完之后，他的前辈还必须在当天阅读他的报告并进行检查。检查内容包括有无文字上的错误及对所学内容的理解差错等，前辈需用红笔标出问题并逐一写上评语。5—6名前辈学徒负责检查全体后辈每个人的报告，看到含糊不清的地方就进行改正。修改完毕的再送到我那里做最后确认。然后发下去，让报告写作者自己去看修改指正的地方。这个程序对于学徒认识自己的错误很重要。

比如锯子的握持方法，有学徒就在报告中这样写道："锯子应该这样握，手放在正中位置。"并附了草图。其所写内容是正确的。但前辈却在旁边写了一句：为什么要这样握呢？在教给学徒操作方法的同时，如果同时告知其理由，就能帮助对方正确记忆。另外，相比听讲而言，写在纸上的东西记得更牢。

唯有这样，才能促进"思考活动"的飞跃发展。

另外，前辈学徒还在每天的一句话批语中，对后辈记录的每一项工作的感想及所学内容进行肯定的评价，或者要求后辈们完整记录工具的使用方法及自己的所思所想。

除了技术性问题，学徒们还在工作报告中记述了其他方面的事情。这里姑且打开几本入社不久的学徒的绘图本来看看吧——

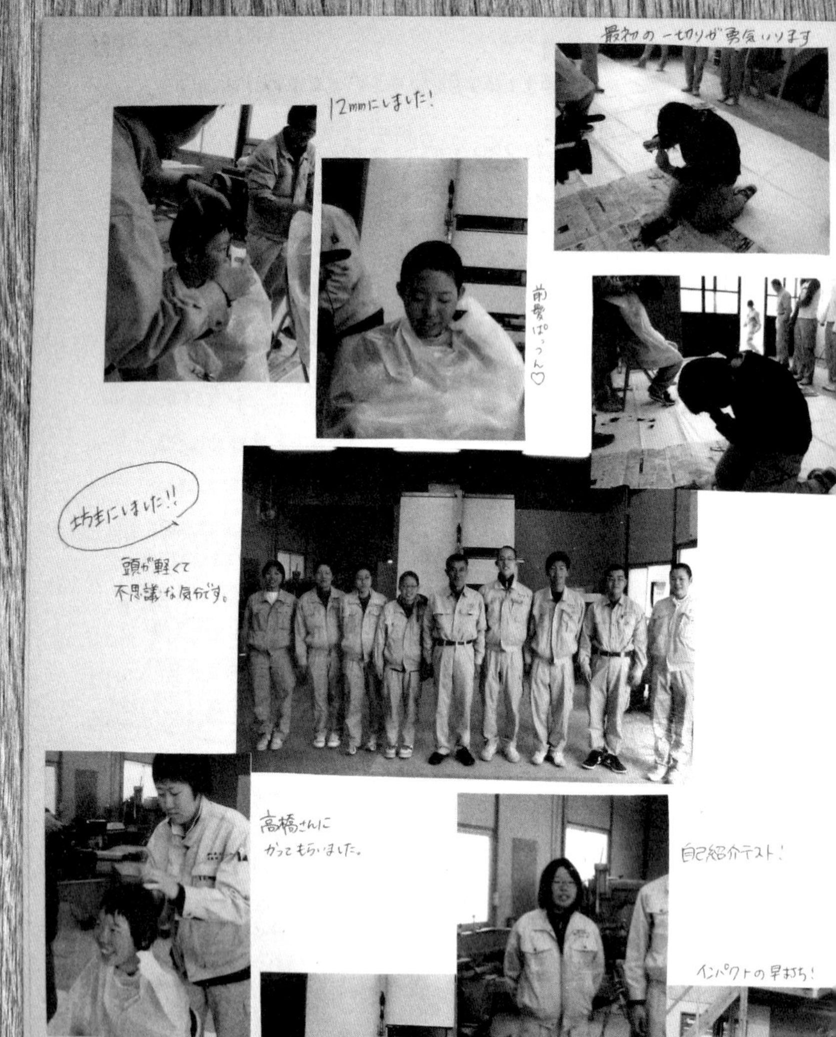

最初の一切りが勇気いります
12mmにしました!
前髪ぱっつん♡
坊主にしました!!
頭が軽くて
不思議な気分です。
高橋さんに
かってもらいました。
自己紹介テスト!
インパクトの早打ち!
社長に
豆だぬきと
言われました
一年目になることが
出来ました。

1、3月30日（月）　　同期に差はつけない様に。　30分

日は男子3人と永井さんはノートンローズへ、残った4人はドッコをつけました。
日は1つしか付けませんでしたが、今回は2つ付けました。

☆ 上下のドッコに目印を付ける！→間違いがなくなる！
☆ 上のドッコは気持ち上目の方に付ける→グッと押したら下がるから
☆ 下のドッコは気持ち下目の方に付ける→上がりすぎていると、下のドッコが効いてしまって上の方がパタパタしてしまうから！
☆ アンカーは開く部分をしっかりおさえながら入れる！→無理に押し込むと途中で広がってしまう。

最初は30分かかっていましたが、最終的には17分ぐらいで付けれる様になりました。

現場で作業を任せてもらえる様に、ドッコの取付を完璧にマスターしましょう。清原

お昼からは区役所に行って転出届けを出しに行きました。郵便局の隣と言われましたが
すぎてぐるぐる回って迷ってしまいました。
区役所はすごく人が多くて、手続きに1時間かかってしまいました。都会は3月、4月は
ラッシュがすごいなあと思いました。

区役所から帰って来たら、お掃除をしました。
篠崎木工の倉庫にあったものを事務所に持って行く作業でした。
ほこりが凄かったので、エアーではらいながらやりました。社長の作品があったのですが
見ることが出来なくて残念でした。

残りは、現場に行っている4人が帰ってくるまで自主練習をしました。
私は鋸挽きがヘタクソなので、鋸挽きの練習をしました。
昨日買った両刃と導突きを使ってみました。導突きはすごく安定してキレイに
切れるなあと感動しました。

☆縦挽き……木目と平行に切断するときに使用
☆横挽き……木目に垂直に切断するときに使用（ななめは横挽き）

現場に行くと、道具が少ないので、なくても他の物で代用できるようにしよう。それと、立って鋸を引いたり、色々な姿勢でも試してみよう。㊍

誰も書いていないけど、横挽きには（知らなかった時に調べてみよう）"あさり"と呼ばれるものがあります。知っていますか？　秋山

縦挽き（荒い）　横挽き（細かい）

墨付けしっかりしないとダメだよ。㊄

ここの部分、胴付という。

☆ほぞを作るときなどには導付きを使う！
導付きは精密なところで使う。

鋸は最初の溝がきちんと出来ないと
仕上りも凄く悪くなると思いました。
なので、墨付けはとても大切で、もっと丁寧に
書かなくちゃと思いました。

練習あるのみ!!　金光

道具の事をよく知って上手く使い分けが出来るように練習あるのみ。すがい

習した者勝ち
ちょっとでも
みつけて練習
う。　まつうら

有人写下“转眼之间，一天就过去了”“紧张得总也睡不好”等当日的自我感受。其中也有人写到“第一天上班，说实话，秋山木工真让我厌烦透了。如今对当初将这里作为自己的志向感到后悔了”等真心话。通过阅读学徒们的工作报告，我们就能完全掌握他们的思想动态。

入社后一周是剃头的日子。一位男学徒在工作报告里这样写道：“这个星期，秋山木工的工作一直很繁重，果然和以前在电视中看到的一样。这让我不由得对已经在这里坚持了两年多的师哥师姐们产生了钦佩之意。虽然只有一个星期，但我已经想家了。不过，我也真切地感受到了自己的成长，这是令人欣慰的。虽然四年时间并不长，但我们将成为扛起秋山木工这块招牌前行的人。一直到上中学，我都留着短发。这次剃光头，是为了表明自己在秋山木工的工作身份。我要彻底改变此前娇生惯养的不良习气，将所有天真的想法连同头发一起抛弃。不仅头如此，思想也要变得圆融。”

报告正文旁边有师兄写的鼓励的话：“各位师兄曾经也和如今的你一样苦恼过，我们都是闯过了各种心理障碍，一路走过来的。今后还会经常想家，该如何自己解决这个问题呢？不要逃避，勇敢地去面对吧，加油！”

就这样，一年时间里，学徒们要写完十多本绘图本报告册。每写完一本，我就将它寄给他们的父母和老师，让那些因将孩子托付给我们而感到不安的父母，通过阅读报告来了解孩子们的日常生活和成长状况。同时也请家长们在本子上留下只有父母才有的满含柔情的责备和鼓励的话。将报告寄给学校的老师，是希望老师们能产生一种责任感，继续和我们一起对毕业后成为学徒的学生进行培养。让他们通过阅读报告，了解这些学生的生活状况，进而从指导员的角度提出建议。

入社约一个月后，第一本留有父母和老师批语的报告册被寄了回来。等全体学徒的报告册都寄回之后，我们将他们召集起来，举行一个报告朗诵会。同时入社的学徒聚在一处，轮流朗读自己的报告。报告册里都写了些什么呢？现在介绍几个今年的实例。

有一位来自青森县的学徒，高中时代是橄榄球队的队员。在家，他是三兄弟的老大，能够大声地与人寒暄。但他无法忍受现在这样睡眠时间很少的学徒生活，体力上、精神上都非常痛苦。他在第一本报告册的末尾这样写道：

“最初，早起让我很难受，有时会迟到。我被带到工作现场，什么也不懂，啥也不会做，还给师兄们添了不少麻烦。在秋山木工生活了十天，我发现自己有许多需要改进的地方，深切认识到以前在父母面前是在娇惯中度过的，现在真该感谢他们。”

他的母亲在报告中给他写了这样一段回话：

“正担心你早上能否早起，读了报告，知道你果然误了做早餐。作为一个社会人，遵守时间是必需的，再不能迟到了！听说师傅已经开始教你们工具的使用方法并进车间去操作，我很惊讶。现场操作有不明白的地方要请教前辈，操作中要小心谨慎，注意别出差错。不懂就问不是什么见不得人的事，不懂又不问，那才叫羞耻呢！报告中你回顾了离家后的生活，并想了很多。虽然只有十天时间，但我已看出你有进步。给你写评语的前辈写了很多重要事项，非常难得！你是个不太聪明的孩子，需要加倍努力，今后还希望他们多多关照！”

这位学徒的父亲又接着写道：

“你取得的进步让父母感到自豪和欣慰。现阶段肯定经常出错吧？不让同样的错误多次发生固然重要，但如果把这些问题都一个一个收进自己的抽屉，则会铸成大错。感谢那些每天看我儿子的报告并写下评语的前辈！寥寥数行评语把我要说的话都说出来了，难能可贵！请一定严格教导他！

儿子，老爸现在送你一句非常喜欢的话——‘除了自己，尽皆我师’，每天不要忘了怀有一颗感恩之心！”

与这名学徒相反，另有一位特别聪明、入社时的操作进度比别人快一倍的学徒。他就是那种“做事快”类型的人，交给他一项工作，他能迅速、漂亮地完成，比谁都快。但也正因如此，他常有傲慢的一面，比如跑步或大扫除这样的活动就不太积极。他在工作报告中常叫苦，说自己不能用心对待扫除一类的工作。

他父亲给他的回话是这样写的：

“报告我反复读了，你只需对各位前辈热心待你心怀感激就行了！（中略）给你一些忠告吧！虽然你现在还什么都不是，但对待像扫除这类的工作，你岂止是不能用心干，恐怕还觉得是个麻烦吧？关于这点，我们说破了嘴你都不改。而且你有这种感觉，就是完全没有明白自己的身份，如今你能为大家做的唯一一件事情不就是扫除吗？怎么能觉得是麻烦呢？真是混账东西！（中略）虽然我回信的口气比较严厉，但从你照片上的表情看，你最近比先前要好，文章的内容方面，意识也在加强，正变得越来越积极，对此我非常高兴。虽然说的都是些大道理，但你能让我读你的报告，思考自己的问题，让我也受益匪浅，谢谢！遗憾的是我无法帮你，只能在精神上支持你。加油！感谢良缘的恩泽。始终保持谦虚的心态，灿烂光明的未来在等着你！”

他的母亲接着写道：

“在越来越多的人逃避人际关系，并且这种状况渐成常态的今天，每天能得到作为社会人的前辈们(他们不是家人，也不是学友)的指导和建议，真是一件幸运的事。什么时候能回报一下该多好啊！

正是因为身处痛苦时期，才更不能忘了给别人一个笑脸，要将微笑和快乐当成自己的一项技能。每天对着镜子，让脸上绽出笑容后再出门。最初可能需要强迫自己去做，笑容也许很生硬，但必须坚持下去，养成习惯就好了。有了笑容，正能量就出来了。这种正能量能让周围的人受到感染。祝愿你早日恢复以前的开朗和朝气！”

朗诵会上，他们要在同期入社的学友们面前大声朗读这些文章。读着读着，学徒们的声音开始颤抖，最后禁不住落下泪来。结果带动旁边其他的学徒也纷纷飙泪，都去拿前辈为他们准备的卫生纸擦拭。

后来又听说，他们的父母也是一边哭一边读完报告的。家长们说，看到孩子们过着艰苦的修业生活心里不免担心，但也明白他们正在成长，因而也放心。而且先前狂妄自大的小孩离家仅仅一个星期或十天，就变得能够说出“爸、妈，谢谢你们”这样的话来，让他们也惊讶不已。

给学徒的父母寄送报告，可以说是出于安慰他们的用心。因为我担负了教育、管理他们心爱的孩子的任务，为了让父母了解自己孩子的状况，所以才有了这一招。

这个办法在学徒们身上也产生了很大的效果。他们开始意识到，不仅是我，还有父母和学校的老师，大家都在为培养自己而努力，这是个令人高兴的意外结果。

学徒们入社后的一个月前后将遭遇首个障碍。这是一个学徒们明白自己的一些想法行不通，因而失去自信，想辞职而去的时期。

以前和自己关系紧密的家长和学校老师读了报告，当然少不了一番鼓励和鞭策，这时得到他们的支持，学徒们自然会有所触动。他们会庆幸有支持自己的父母和老师，因而产生感激之情。

父母还是爱自己的——在父母身边的时候，学徒们觉得这是理所当然的事，等走上社会之后他们才真正明白这点。没有人能靠一己之力成长起来。有周围人提供的帮助，学徒们才能培养创造明天的能力。

每年举办一次『研修生和工匠木工展览会』

每年秋天，秋山木工就要举办一次“研修生和工匠木工展览会”。

学徒参加这个展览，从计划做什么到材料选择、设计一直到制作，全部由本人完成，然后进行展示。

木工展是检阅学徒们的技术及心性成长情况的一项必不可少的活动。通过制作一个作品，学徒也能知道自己现在技术的掌握情况。另外最重要的一点，展览还是提供巨大机会的地方。因为平时都是为订单生产产品，唯有这次机会学徒可以制作自己想做的东西，而且在制作作品的时候可尽情使用工厂的机械设备、材料等。

其他工厂一般不让入社不久的员工动机械设备，怕出危险，也怕他们浪费电费和燃气费，只允许少数几个老手操作。并且除了上班时间，基本上不许学徒动设备。

我的会社没有这种情况，特别是在为木工展制作作品的时候，学徒们可以在前辈的精心指导和监视下自由使用机械设备。

木工展是一定要邀请学徒们的父母参加的。因为家长们期待着看自己孩子的作品，所以学徒们自然都很有干劲。

入社几个月后，学徒们已经习惯了严格的修业生活。这时相比体力上的消耗而言，他们的精神压力更大。因为每天还在学基本技能，还在给前辈打下手，还在干搬运家具的粗活，并且还要挨我或者前辈们的训斥，于是他们不免产生“如果到了秋天还这样，就辞职算了”的想法。

为木工展制作作品对学徒们来说是个很好的转机。

有个三年生学徒说过这样的话：“一年生一直居于人下，而且还经常挨骂，精神始终很紧张。所以总想着在为木工展制作作品之前，一定要好好学。等到他们领略了制作作品的乐趣之后，往后的学习生活也就变得很愉快了。”

制作的作品要能让人欣赏——这是学徒们的首次体验机会。但正因为是首次体验，所以学徒们还需要克服一些难题才能完成自己的作品。

首先是花几个月时间思考制作什么。其次是选择使用的材料，因为缺乏木材知识，学徒们需要一边倾听前

新人研修

辈的意见一边确定。制作的东西确定之后，再考虑设计方案，绘制图纸。在车间完成上述各项工作后回去时，天早就黑了，因为已经是夜里十点或十一点了。此后作品的制作终于开始了，知识和技艺尚未成熟的学徒们一边请前辈指导，一边制作。

有个学徒给胡桃木做的木箱装上车轮，制成了一个火车头形状的玩具箱。这个女学徒有个年龄相差较大的弟弟，为了让弟弟高兴，所以想制作一件有趣的家具，这件作品便由此诞生。因为火车头设计成了可让孩子们乘坐的样式，得到了来木工展参观的孩子们非常高的评价。现场一叫卖，便马上被一位客户看中并买了去。而且几天后，又有闻讯而来的其他客户求购，于是又做了一件。

另有一个学徒制作了一个佛坛。因为祖母一年前刚刚去世，她为了供奉祖母的亡灵，同时也为了让祖父长寿，而产生了这个想法。听说有学徒要为自己的祖父制作佛坛，工厂的前辈们纷纷伸出援手，替她出谋划策。

“为了不招虫蛀，使用桐木如何？”

“为了看上去不像新品，而像个用惯了的老家具，油漆涂装还是选择晕色分层（刷出两色分界线）的好吧？”

这是个特别笨的孩子，多次失败又多次重做，终于在木工展开幕前完成了。看到佛坛，从福岛来京的女孩的祖父流下了眼泪，他一边从裤子口袋里掏出手帕擦眼睛，一边道谢。回去的时候，老人握着孙女的手，频频点头称好，说：“你正在成为一名工匠呢！”这是一个开始连工具也不会使用的学徒，自己的作品第一次受到别人赏识的瞬间的情景。

她后来在回顾这件事时说道：“实际上，在木工展开始之前，我一直怀疑自己是否能成为一名工匠，很是不安，总想辞职来着。但听了爷爷的那句话，这种想法就完全打消了。”

以『日本第一』为目标，参加全国技能大赛

每年举行一次让各单位推选的学徒一试身手的大赛，就是“技能五环全国大赛”（以下简称“技能五环”）。

“技能五环”荟萃了来自全国的二十三周岁以下的技术能手，比赛包括机械装配、机电一体化、造园和网页设计等共计40个科目，每个科目都要决出“日本第一”。“技能五环”自1963年开始举办，到2009年已经举办了47届。

一些著名大企业也派出多名技术选手参赛，如在电工、电子等领域，松下、丰田、爱信、日产等还专门成立了参赛特别小组，一心要争夺冠军。如在“技能五环”上夺得冠军，将获得参加两年一次的世界大赛——国际技能竞技大赛（通称技能五环国际大赛）的资格。

我们会社报名参加的是家具科目。

2005年，秋山木工在该大赛上夺得了金牌、银牌和

“敢斗”奖，垄断了整个表彰台。之后每年都有奖牌入账。

“技能五环”是学徒们为之奋斗的大目标之一，只有在这里才有机会和其他木工所的同辈选手接触。学徒如果获得冠军，则是名副其实的“日本第一”，这个头衔对于今后的职业生涯也是很有帮助的。

因为这个大会有二十三周岁的年龄限制，所以挑战的都是些年轻学徒。五月份会社推选出参加预选赛的选手。谁能参加预选赛，由我根据学徒平时的工作态度，做出独立判断。被选出的学徒，则要挤时间进行练习，为参赛做准备。当然，练习要在完成正常工作之后进行。因为只有晚上才有空闲时间，所以他们就在夜里聚到一起，进行特别练习。

只有通过了地区预选这一关，才可以参加全国大赛。全国大赛的题目是“侧柜制作”。

木制家具可分为两大类，一类是衣柜和书架等以板材为主的“箱物”，另一类是桌椅等以方料为主的“脚物”。

而“侧柜”则包含了木制家具的全部要素，有脚、箱体、门扇和抽屉等。这就需要选手掌握多方面的技术，是检查技能水平的理想题目。

“技能五环”考试时间为12小时，主办方只提供图纸和材料，工具自带。从哪个部分开始做起，按照怎样的

参加比赛的学徒

比赛获奖后，学徒与秋山社长的合影

顺序做，全由参赛者自己判断。小心谨慎地正确操作自不必说，因为规定了时间限制，所以先理清程序、再高效制作的计划性也非常重要。

一旦参赛，学徒的性格和个性便清楚地显露出来。比如“开始”的号令一响，就慌着往厕所跑的，一定是抗压能力弱的人；也有被指定参赛的学徒，因为不堪压力而退出了比赛；当然也有能经受正式比赛洗礼的选手。

2005年获得金牌的选手正是一位抗压能力很强的学徒。平时他并不显山露水，甚至是同期学徒中最笨的一个。但到了正式比赛的时候，众目睽睽之下他却显示出超强的能力。

“技能五环”大赛上，二十多人共用有限的几台机械设备，即使自己工位上的活计进行得很顺利，如果不能很好地及时利用共用机械，也会造成时间上的浪费。这时就需要在计划安排上下功夫。

不会安排的人，总是等到各项作业完成之后才去使用共用设备，结果其他人也蜂拥而至，于是不得不等几分钟，甚至几十分钟。而我们那位获得金牌的选手，即使尚在作业中也会一边环顾四周，一边举手要求使用共用设备。因为他经常观察周围的情况，且始终在思考按照怎样的程序去做才能顺利推进工作，所以即使在正式比赛场合也能做到游刃有余。

而且他还不断在头脑里强化要一鸣惊人、要成功的意识，所以即使在压力巨大的赛场上，也能保持适度紧张的状态。他的积极行动有时还会让其他参赛者看着发慌，进而出错。就这样，他在第二回合的挑战中表现优秀，一举获得了金牌。他的梦想是回到位于青森县的家乡，创立自己的工厂，为母亲盖一栋房子。为了实现这个梦想，他现在还在磨炼自己作为工匠的本领。

参加“技能五环”的也有女性学徒，其中有些人甚至有夺取金牌的希望。有个小女生，身材特别瘦小，但大家都认为她能拿到金牌，她自己也干劲十足。可她在赛前进行模拟练习的时候，拿凿子的手的动作突然落空，凿子刺伤了左脚神经，身受重伤，直接被送进了医院。她住了一个多月的院，出来还打着石膏。这样不要说练习了，连日常生活都成问题。

我为她在如此关键的时刻不小心负伤而生气，虽戏谑地骂了她笨蛋，但没过分斥责她。后来听说，小女生为我迥乎寻常的态度感到特别困惑。她觉得自己在会社受伤，可能让我感到责任重大，因而苦恼；再加上伤及神经，担心自己不能再像以前那样工作，不能成为工匠了，又是一重深深的不安；一来二去甚至一个人在夜里哭泣。

虽然治疗花了一些时间，但她还是恢复了健康，并在全国大赛开幕一个月前，终于重新开始了练习。

全国大赛的题目一般提前约三个月公布。小女生参赛那年的题目是：在12个小时内制作一个带抽屉的柜子。于是，她开始了没日没夜的练习。在正式开赛前进行了一次预演，她制作了一个符合题目要求的柜子。小女生虽然在规定时间内完成了制作，但抽屉部分出了问题，推不进去。这是在制作前，没有从后面把抽屉推进去并确认一下尺寸造成的。

当夜我就召集从工作地点返回的学徒和工匠们，再次讨论小女生制作的柜子的问题，就为什么会犯这样的错误听取了本人的意见，然后大家一起商量如何改进。

也许有人认为不该在人前指摘别人的错误，但如果弄不清出了什么问题，错误就得不到改正。小女生最后流下了眼泪，但她流泪与其说是因为在人前被人指摘，还不如说是自己对所犯的错误感到悔恨。

"你也仅仅损失了一点相当于流出的眼泪的能量。"我给她打气。

练习也收到了成效，她最终在正式比赛中成功制成了推拉顺畅的抽屉。尽管由于受伤，身体尚未恢复常态，但还是获得了全国大赛的银牌，一年后又拿回了一块银牌，实实在在地丰富了自己的经历。

像这样，我们每年以“日本第一”和“世界第一”为目标，持续进行挑战，但在大赛中得到锻炼的并非仅仅是技术。临近大赛之前，挑战者为了参加特训，无法再去车间干活。但商品的交期不能改变，所以余下的人要替挑战者完成生产任务。这时，能意识到并非自己孤军奋战，而是大家一起在战斗的心态非常重要。

对周围人的支持心怀感激，表现出努力的决心，以及胜利归来时将成果归功于大家的做法都非常重要。

有些学徒四年后仍不能毕业

学徒们用四年时间学习专业知识。四年研修结束后，他们还要作为一名合格的工匠到工厂去锻炼四年，施展技艺。但并非每个人在四年研修结束后都能成为工匠，有些学徒就不能毕业。

有这样一个实例。

这个学徒来自山形县，为人温和而木讷寡言，是个特别宽厚的青年。技术也非常优秀，在第三年研修的木工展上，他的作品赢得了客户的最高评价。但由于性子太好，他总是不能训斥后辈，而且有时也无法准确地表达自己的思想。

当他带的后辈出了错误，我会骂他一顿："为什么会出这种错误？如果向后辈们说清楚了不就没这些问题了吗？"

即使这样，他还说："不是，因为他们（后辈）也一直很努力的。”

我这才明白这是他的温和性格使然。但口气严厉地指导后辈是前辈的责任。

于是，我对他说：“你没有真正的爱心。”

他自己解释说，他从小是在待人要温和的教育环境中长大的，第一次听我说不要温和。他的确是个宽厚的人，说话的声音丝毫没有暴戾之气，即使是为了对方好，也不愿使用严厉的口吻。可见他对待后辈并没有真正的爱心。

对他人的关照应该做到什么程度，做到什么程度才能让他人感动？

我认为这都是成为一流工匠所必须明白的问题，仅仅技术好，并不能成为一流的工匠。怎样做能让客户产生欣喜之心，这是一流工匠所必须考虑的问题。没有爱心，就无法打动对方。

要想顺利地和客户打交道，交流能力是不可或缺的。不善与人交往的人是成不了工匠的。

我交给这位青年一个课题，告诉他如果他指导的后辈在“技能五环”比赛中夺得了奖牌，他就能成为工匠。他所指导的后辈是一个挺有自我意识的老实女孩，但曾经因为睡懒觉误过早饭，生活方面也常有落后的时候。对待这样的人，就必须严格指导，但这位青年却没有发一点脾气。

看到他这个样子，一些前辈工匠把他叫出来说："首先，你没有留意后辈的言行。不要只沉浸在自己的世界里，一个不能做到一边工作一边注意周围情况的人是不能成为工匠的。"他低着头凝神倾听。前辈继续说："你有时没能做到训斥后辈。其实发脾气也是一种温情。不发火，部下就不能获得成长，部下不能成长，你自己就不能成长。要想自己成长，就要训斥后辈。害怕后辈不高兴，便什么事也干不了。"

原先不能指导后辈的他，渐渐有了变化。下班后他主动留下来和后辈一起参加练习，交给他们工具的使用方法。在大赛开始之前，甚至把自己视为生命的工具借给了后辈。

大赛当天，正在车间上班的他一直惴惴不安，结果后辈果然没有拿到奖牌，他也只得再研修半年。

第二年八月，堪称学徒们的毕业仪式的结业式，在延迟四个月后举行了。结业式也是开始工匠生活的庆祝会，孩子们的父母、老师都来了，大家共同庆祝研修生活的结束。

这位青年也参加了结业式。我对他说："你一直坚持努力到了最后"。

"你在四年零四个月的严酷研修期间，树立了自己的目标，以山形县出身而自豪，坚持努力到了最后。今后请以一种积极、谦虚的心态去学习和工作，不忘感恩，最终成长为修为深厚的工匠。”

当我把结业证书和作为工匠标志的印有姓名的号衣交给他时，他非常满意地笑了。

在最后致辞时，手拿话筒的他说道，“我记性差、做事笨，如今却被培养成了工匠，真的衷心感谢大家！”说着说着就呜咽起来。强忍住哭泣之后，他又转向父母所在的桌子，用故乡山形的方言继续说：

“我之所以能坚持干到现在，是因为有爸妈的支持。妈妈对我说，‘去哪儿都一样，好好干吧’……父亲在我要去秋山木工学习做工匠时的谈话中说，‘这就是你今后的道路，在做的问题上，什么都不要说，只是不要死去。只要不死，去哪里，干什么都可以’……我就希望得到你们哪怕很少的一点认可。虽然秋山木工的工作很辛苦，也有一些不是自己愿意干的，但每逢这个时候，我就想起爸妈说过的话，便坚持做到了今天。谢谢爸妈！

现在，我为自己是爸妈的儿子感到庆幸，谢谢！但我人生之路才刚刚开始，还请支持我！”

这场演讲是如此让人感动，以至于在场的人都流出了眼泪。

正因为这孩子走了弯路，所以才懂得了这些事理。

采用学徒制度才能培养『有修养的工匠』

一直在说的学徒制度——24小时所有人朝夕相处，寝食相伴，以成为工匠为目标，不停地磨炼自己；师傅和前辈们对后辈进行彻底的指导，向后世传递这种学徒精神——在当今日本很难找到它的踪迹了。我们采用的这种收徒制度，有点类似歌舞伎、单口相声等传统艺术门类的做法。

歌舞伎和单口相声之所以一直采用这一制度，是因为仅仅通过学习“技艺”无法表现故事中的世界观。如果不和师傅朝夕相处，接触各种事物，了解社会上所有的问题，从而真正成长起来，表现是无从谈起的。

木工非传统艺术，为什么也要引进学徒制度呢？这是因为要成为一流工匠，人性必须获得成长。我们正是出于这样的考虑而采取这一制度。

作为家具工匠，制作高完成度的家具是其本分。

如果只是磨炼技术，只要提供一定的时间，任何人都能做到。但他们并不能被称为能让客户满意的“有修养的工匠”。

我所定义的“有修养的工匠”，指的是能在客户面前漂亮地展示自己的技艺，进行表演的人。例如，有客户订购一件和自己家里墙壁尺寸相吻合的装饰架，工匠事先要去客户家访问、测量墙壁尺寸，然后是制作和墙壁尺寸相吻合的架子，最后是交付完成品。

仅就交货这一项，就能很清楚地判断出这个工匠是不是一流水平。

家具制作要精确到几毫米。但房屋在居住过程中，总有一些变形，所以工匠即使事先到客户家里去量了尺寸，也不能保证做出的家具始终能和墙壁的尺寸完全吻合。

这时，如果惊慌失措地辩解是按照测量的尺寸做的，那他就不是一流工匠。而如果表现出神情黯淡，言行举止全无自信，则会让客户担心此人的能力。定制家具绝不会便宜，客户一旦有疑问，就会不放心，就会越发担心是不是没按照订购的要求去做，或者怀疑这家会社的能力。当客户有了这些想法，就很难挽回了。

那么，如果是有修养的工匠，该怎么做呢？

首先，要做到一进门就能和客户说上话。比如，当

秋山社长正在教授学徒如何进行刨作业

你觉得眼前的家具像是进口货，要马上知道它来自哪个国家；如果看到漂亮的大理石地板，也必须能快速辨别出价值几何。有了这些知识和素养，你就可以顺畅地和客户进行对话了。

另外，在刚才所说的定制家具的例子中，为了使做好的家具和墙壁正好吻合，就有必要在现场进行最后的微调。例如对家具进行刨削，使其能和墙壁正好吻合；为了让棚架和天花板平行，可调节棚架脚的长度等。

此时的微调过程应尽量不让客户看到，在极短的时间里搞定。如果时间较长，也不要辩解，要充满自信地去做。

在微调作业全部结束之后，要把家具完整地展现给客户看，并询问客户的意见。因为是在现场进行的最后修正，所以等到客户看的时候，会觉得从一开始家具就摆在那里，并且和墙壁配合得很好。这时就要问：

“怎么样，和家居环境的配合还好吧？”

接下来就是介绍家具制作情况和所使用的材料，如采用这种设计是出于何种考虑，木材有多长的历史等。在向客户进行介绍的时候，要避免使用难懂的专业术语，而应采用通俗易懂的语言，重点突出地进行解说。比如说到木材，可以说采用的是在北海道山崖上生长了三百年的樱树，借此大谈一下家具的“历史”等。

要做到这些，是需要丰富的知识和经验的，而且使用准确得体的语言也特别重要。

这些知识和经验不是通过口头传授就能马上掌握的，也不是编一本指南就能让所有人照着去做。工匠必须要和大量客户进行接触，经历过各种场面的锻炼，心性获得成长了，才能向客户提供无微不至的照顾。

那么，要在短期内教给弟子们这些知识，让他们去实践并掌握，该怎么做呢？学徒制度无疑是最有效的方法。因为大家同起同睡，弟子们可以每天观察师傅、前辈的言行举止；另外，由于弟子和师傅、前辈24小时在一起，弟子就有机会“偷学”技术和模仿他们。有了学徒制度，前辈和我所拥有的技术都会被弟子们学去。

第四章

毕业之后即让学徒离开会社

为什么学徒毕业后就让其辞职

等到学徒们四年学徒期满，再以工匠身份为会社效力四年之后，我就让他们全部辞职离开秋山木工。

几乎所有见到我的人都说："好不容易培养成才了，让他们辞职，岂不可惜？""今后正是他们为会社做贡献的时候……"听到这些话，我的回答始终是："如果八年后还不让他们离开，就不会有我现在的会社。"

自创立会社以来，我们已经培养出了50名工匠。他们每个人都很优秀，我当然希望他们能留下来，但考虑到将来的发展，我还是让他们在成长的关键时期出去自立。他们离开会社以后，有的去有名的工房就职，有的回到家乡开办自己的工厂，都干得有声有色。

虽然他们的技术水平都很高，但如果我把他们留在会社，那现在的秋山木工就不存在了。一家会社拥有超过10名工匠，这家会社就会倒闭。我一直这么认为，也一直努力避免这种情况发生。在同一个工厂里，身边始终是同一个师傅或者相同的伙伴的情况下，学徒很难成长起来。这是因为缺乏刺激条件，一切都很程式化。

学徒入社八年后，年龄基本处于二十五至三十岁之间。这个阶段，只要本人有干劲且周围环境允许，因为他们已经掌握了基本技能，所以正可一鼓作气干出成绩来。但也正因如此，我才让他们离开会社，以改变他们所处的环境。

我希望他们在不同的环境中经受磨炼，以便获得更大的成长。一个工匠要想取得更大的进步，绝对需要去别的工厂体验一番。如果只待在我的会社，那就只能成为在秋山木工施展拳脚的工匠，我不在便不能工作，一生也无法超越我。为了实现他们作为一流工匠大显身手的目标，我必须不断地激励他们。

这样做也出于我自己的经验。我在创立秋山木工之前，先后跳槽三次，虽然每次工资都被降到了原来水平的四分之一，但我把这些经历看成是对自己的投资。在新会社，我积累工作经验，学习新技术，工资也很快涨上来。但感觉再无可学的时候，便再次跳槽……在连续进行所谓“打破道场”的行动中，我不断获得成长。

另外，让学徒离开会社还有一个组织方面的原因。虽然是我一手培养起来的弟子，但由于现在已经是一名合格的工匠，如果长期在籍，我就必须尊重他的意见。我想所有的会社都一样，上司对于能干的部下，总不敢随便得罪。因为一旦他们辞职，工作就会陷入混乱状态，难以收拾。

那些工龄长的工匠一多，也许就会变得趾高气扬、目空一切，我还得经常去哄他们高兴。可一旦到了他们功高盖主、我不得不听从他们意见的时候，我就无法正确地为会社掌舵了。

当然，我并不是毫不负责地在八年后把学徒赶出去。在他们辞职的时候，我会尽己所能地提供帮助。首先是支付约100万日元的退职金，这是他们从入社开始积攒起来的一笔钱；同时为他们介绍新工作。

因为他们是从我这里走出去的，如果去了另外一家不能获得成长的会社，那辞职就没有任何意义。所以，我非常慎重地为他们选择要去的会社。介绍的工房必定是我所熟悉，他们过去以后也能获得成长的地方。

当然，也有一些弟子是自己寻找单位的，还有的人甚至希望去国外深造。因为秋山木工每年都在全国技能大赛上获奖，所以任何一家工房都愿意接收我们的工匠。遇到有人要独立创业，我提供的是我最大的财富——秋山木工的所有人脉关系，他可以直接利用。

大部分员工的终极目标都是独立创业。但独立创业需要资金，还需要认识专业从事木材和加工设备经营的商家。家具制作所需的设备中，有些售价高达1000万日元以上。大部分商家对于初次打交道的客户，都要求一次付清现款，才肯出售。这对于那些刚刚独立创业的弟子们来说是最难的一道坎。

所以我为我的弟子介绍自己熟识的商家，并给他们写担保文书："这是我会社以前的一名员工，现在正独立创业，请多关照。我给他担保到某某时间，请允许他分期付款。"

曾有这样一位毕业生，他从我的会社毕业辞职后，去了北海道，然后又去国外深造。两年后回国的时候，积蓄差不多全花光了。这种状况下独立创业自然不可能，我于是和他签了几年的合同，让他再到秋山木工来上班，我支付工资给他。等有了本钱之后，我又让他利用我的人际关系，最终他实现了独立创业的愿望。

如今，他在横滨创立了一家名叫"通心粉设计"（Macaroni Design）的漂亮工房，自己活跃在第一线。

会社指挥系统的弊端

在会社，从对员工的指导到经营方针的贯彻执行都归我直接管辖，从某种意义上来说，是完全的“一言堂”体制，这种经营方式从未改变过。实际上，我曾经将员工教育的一部分工作交由部下去做。

当时有一些已经成为正式工匠的员工要迁往集团下属的会社，于是我便委托那些会社的社长代为指导他们。由于集团下属会社的社长对现场工作非常熟悉，那些工匠的技术得到了快速提高。但不知为什么，工匠们却变得狂妄自大起来。

后来我反省才认识到，自己在管理上“偷工减料”了——虽则一直强调心性比技术更重要，却还把培养人才的重任交给了别人，这是我的疏忽。

当然，我会在事前告诉集团所属会社社长每个学徒的教育方法。在托付工匠的时候，我自以为把自己知道的都交代了，但集团会社的社长还是无法做到像我一样严格，他们谁也没有我那么强烈地希望学徒们能成长为合格的工匠，所以在锤炼工匠的心性方面，总是很被动。

这种情况并不仅限于工匠领域，普通企业的人事制度也经常遇到类似的情况。在社长一部长一课长一普通员工的指挥系统中，经常出现无论社长如何三令五申，政策也无法贯彻到底的现象。原因是负责向部下传达精神的部长、课长没有和社长一样深入地去理解政策，结果出现传达意志不坚定或者语气发生变化的现象，从而使得最后到达普通员工那里的政策内容完全不一样了。

但要让部下和社长一样去理解事物是非常难的，对此我有深刻体会。从那以后，所有学徒成为工匠之后，我都将他们留在身边，亲自培养他们的心性。

也有集团成员会社减少的时候

创业三十年来，我一直没有改变前面所说的会社运营模式，从一开始就从未动摇过。但这并不是说我的事业总是一帆风顺。有很多学徒进入会社后，无法完成研修学业；有些即使完成学业，成了工匠，却又辞职不干了。有时，最终坚持完成四年学徒生涯的，也不过四五个人。秋山木工集团里曾有11个会员会社。在秋山木工成立之初就入社，最后成为工匠的人被称为“第一代”。他们从秋山木工辞职后，各自创立会社并加入到秋山木工集团旗下。因为他们是在会社成立之初就入社的，所以他们的意见我一般都会听。

这些人也有不满情绪。

“为什么让好不容易培养起来的合格工匠辞职呢？”

“培养工匠既费时间又费金钱，现在这些人有了本事，我们正好靠他们赚钱啊！”

我一边听着抱怨，一边挖空心思安慰他们。但他们还是离开了集团，完全独立干了。那段时间，会社的学徒数量骤减，业绩一落千丈。

也许他们说得没错，花费八年时间培养起来的合格工匠，就这样轻易地让他们辞职了，的确是经营上的一种损失。但我的梦想是向社会输送尽可能多的合格工匠。为了实现这一梦想，我解除对他们的所有束缚，让他们到其他会社甚至去海外积累经验，最后创立自己的会社，我认为这是最好的结果。

如果他们的会社也能和我一样采用学徒制度，继承匠人之魂，那么就可以1个人带出5个人，5个人带出25个人……不断为社会培养工匠人才。为此，我当然不能只考虑自己会社的利益。

即使他们完全独立、离开集团，我的想法也不会发生改变。因为我有一个坚定的信念，那就是哪怕最后只剩自己一个人，我也要继续干下去。

虽然集团旗下的会社数量减少了，但会社的结构反而清晰了。这里说一句多余的话，那些成功的企业，大部分都是在世代传承方面做得好的会社，能让子孙后代将企业的职责继承下去的会社都成功了。我的会社现在也许正处于良好的世代交替之际。

我认为社长具有多大的能量，其部下就会拥有怎样的梦想。

因为和弟子们同食同住，自己的一切都展现在他们面前。也正因如此，那些认为社长整天就是一张嘴，其他什么也不干的想法便完全消失了。我自己则必须每天都要有进步，我要让大家看到，即使你完全了解今天的我，一周后的我又会是不同的一个人。那些坐稳集团成员单位社长宝座的人一心只想着赚钱，而疏于磨砺工匠的技艺，其结果可能会导致手下的匠人们工作干劲松懈。

育人，是一件很辛苦的工作。从学徒的角度来看，上司必须始终是个了不起的人。事实上，也唯如此，这个工作才有价值。我常常觉得，见证别人的成长是一件很奢侈的事情。

在录用面试上踏踏实实下功夫

我的会社根据之前辞职的人数招募员工，招工数只比辞职人数稍多一点，从不多招。一经录用，则尽可能让全员都能成才，并希望他们在此顺利度过数年的学习生活。

因此，入社前的录用面试非常重要，我们必须挑选出具备这样素质的孩子：他们能坚持学习，直至成为匠人。曾经以为不管是谁，只要来了，秋山木工都能把他培养成一流工匠，但从七八年前我开始意识到那是一种骄傲情绪在作祟。

要改变一个人是很难的。

所以录用学徒的时候，我们几乎是竭尽全力。要确认这个孩子是否能坚持到最后，要找到那种能够琢磨出光泽的原石。可喜的是，近几年来，愿意来我会社就职的人数在逐年增加，报名者超过计划招聘人数10倍。因为逐个面试有困难，我们首先通过填报的书面材料粗略地筛选一次，再进行面试。面试要一直持续下去，直到充满自信地确定人选为止。

在安排面试计划的时候，即使时间紧，也要为每个人留出三个小时。如果遇到一个不爱说话的，甚至不惜为一个人耗费掉整整一天。在工作计划安排得很满的情况下，我经常把被面试者带到接下来要去的地方，以保证我们谈话的连续性。有时直接带去工作现场，有时带到客户那里。因为我带着被面试者到处跑是常有的事，所以客户也不见怪。

是否录用，要看对方是否完全同意我在面试中所说的话，这是洞悉被面试者的要点之一。虽然有人认为，就职面试时表达一些与众不同的观点以引人注目，以及不附和他人意见、彰显个性很重要，但我不会录用面试中在知识上与我对抗的人。

原因是那样的人不能与我们的要求对路。因为一个人想要入社，自然是希望向我学习东西，既是这样，就必须有一个求学的态度。虽然学徒住在会社里，但研修期间只有四年，要在这么短的时间里学到相关技术，不顺从、不听我的教诲是不行的。

偶尔有人会把自己学生时代的作品带来展示，但我从来不看，这让对方感到很惊讶。因为我认为评估一个人的技术高低，远没有评估他的人品重要。

所以我总是说："看你做的东西，又能怎样？你本人就站在我面前，如果不能彻底了解你这个人，我这个社长还称职吗？"

洞悉新人的另一个要点，是看被面试者是否怀有感激之心。

有很多孩子既老实听话又志向远大，但不知为什么就是不能让我满意。我曾经一边仔细思考其中的原因，一边对新人进行面试，突然恍然大悟了。

有个学徒的父母离婚了。我想她应该不会把这件事当成一个问题来对待，但父母的分手是否会让她对其中一人或者两人产生恨意呢？

匠人所从事的是让他人感动的工作，一个人如果憎恨他人，且这种状态始终不改变，就不可能成为工匠。

于是我找那个学徒谈话，如我所料，她的确恨着自己的父母。

"仇恨别人的人是不可能成长为工匠的，是不可能成功的。如果你还憎恨父母，我们这里就不能接收你。"我对她说。

"今天回家后，就向母亲道谢，感谢她生了你""如果能联系上父亲，也要向他致谢，告诉他没有他就没有你。等这些事都做过之后，再来参加面试吧！"我说。

后来这个女孩给自己的父母写了信，表达了对生养的感激之情。还听说因为这封信，离婚后父母之间的关系也得到了改善，她本人也顺利进入了秋山木工。

面试的时候，我会告诉应聘者入社之后要剃光头的规定。最近，通过电视和杂志了解会社的种种情况后来参加面试的人也不少。

就这样，通过深入的面试交流，应聘者了解到秋山木工的实情。我把会社的一切都展示出来给他们看，以免他们说我们只说好听的，到后来才发现和实际情况不一样。这样他们就不会产生辞职的想法。

通过对本人的反复面试——这孩子会怎样变化，希望他成为什么样的人才——当无论是睡梦中还是清醒状态下，他将来成功后的场景都不断在脑海中出现的时候，我就决定录用他了。

在父母和老师的配合下培养学徒

即使已经在心里确定要录用某个人，面试也没有结束，我还要继续对包括其父母在内的三人进行面试。无论是在北海道还是在冲绳，我都必定要去被面试者的家造访，和他的父母进行交谈。

和父母见面，是为了确认他们是否有决心和我一起培养孩子，以及考虑孩子的事的严肃、认真程度。我希望他们亲眼看到自己的孩子能承担什么样的责任。

一旦入社，孩子们就踏上了严峻的修业之路，不仅要挨我的训斥，还会被前辈批评。因为一直和同事及前辈们住一起，几乎完全不能按自己的想法做事。生活无法适应，十天不到，全体新学徒差不多都会萌生辞职而去的想法。即使勉强度过了这个时期，后面的困难又会陆续到来。

每天都要挨我的骂，又无法突破自己能力的瓶颈，迷茫、烦恼纠缠不已……这时学徒便会冒出辞职的念头。此种情况下，学徒最先想到的倾诉对象当然是父母或学校的恩师，所以培养孩子们成长，父母和老师的配合是必不可少的。

如果孩子们找父母或老师商量辞职的事，长辈们不能简单地表示同意，而应该向他们讲述自己的体验并进行劝说。入社前对父母的面试的目的就在于此，通过面试来确认他们是否有不娇惯孩子、放手让孩子经受锻炼的决心。

过去学徒制度规定，学徒上京学艺，在没有出师并拥有自己的店铺之前是不能回家的。秋山木工一边努力取得父母或老师的支持，一边营造同样的学习环境。

让学徒住会社宿舍，过集体生活，每年只能和父母相见两次，通过这种方式让他们明白以前在父母身边是如何的任性和骄纵。通过严峻的修业生活，让他们正视自己的无力。

这时，他们会通过写在绘图本上的工作报告或书信向父母、老师袒露心声，并在此过程中体会到有父母、老师是多么好的一件事，从而心生感激之情。

辞职将辜负父母、老师对自己的期望，了解到这一点，他们就不会轻率地辞职了。

我曾经以为凭一己之力就能将一个学徒培养成合格

的工匠，后来经过数年工作实践，才发现高估自己了，仅凭我一个人是不可能培养出一流工匠的。只有具备三位一体的条件（个人努力、父母或老师的爱以及会社的真诚帮助），才能培养出合格的匠人。

面试的时候，一开始我就会直截了当地告诫孩子的父母，“学徒生活是非常辛苦的，孩子们一定会提出辞职，这时你们以怎样的姿态应对非常重要”。

因为我们一再强调入社学习的艰辛，一些家长听了便不免犹豫起来。即使到了准备录用的最后确认阶段，也有家长表示“我家的孩子无论如何干不下去”而拒绝入社。

曾有一位自卫队军官家长就是这样。

这位父亲是个实干家，在吃了很多苦头之后，终于当上了自卫队的高官。我原以为他是吃苦过来的人，应该能理解秋山木工的做法，不料正相反。正因为他知道吃苦是怎么回事，所以不想让自己的孩子来做这样的事。

虽然对自己的孩子寄予厚望，但很遗憾，最后他还是拒绝了让孩子入社学习。

家长如果有不想让孩子吃苦的念头，那么在孩子入社后提出辞职的时候，他们就放不开手；而且借孩子的抱怨说一些泄气的话，如“果然如此，我就知道你坚持不了”，结果对孩子放任自流。那样的话，会社就无法和家长联起手来，共同培养工匠。

另外，我们去报名者老家进行面试的时候，会提前通知他们准备午饭。为什么要这么做呢？因为在今后八年时间里，我们努力指导的学徒出自一个怎样的家庭，从一顿午饭的招待方式上就能看出来。

通过观察这个家庭平时的饭食、父母招待来客的情况，可以了解这是一个怎样的家庭、亲子关系如何，以及这样的家庭出来的孩子是否适合成为匠人等所有信息。有的人家觉得好不容易来一趟，特意叫外卖送寿司来招待我们，结果面试也就此结束。

作为双亲来说，也许觉得应该尽可能让客人吃顿好的，但我并没感受到招待的认真劲儿，而且知道这个家庭没有自制食品招待客人的习惯。其实不需要高档菜肴、极品料理，只要尽己所能，用自己制作的饭菜招待客人就行了。这种精神是一名工匠所必须具备的。

我花三个多小时对报名者本人进行面试，然后还去他家面试他的父母。也许有人认为大可不必这么做，但在稍早一些的日本社会，这是很普遍的做法。

我认为就职和结婚类似。录用某人就职，就要对这个人的人生发展负责，为此必须做好下定决心的准备。结婚的时候，我们都要去拜访对象的父母。看着女方母亲的脸，一般就会想象——妻子三十年后是否也是这样的呢？对学徒的父母进行面试，与此同理。在以后的日子里，我们还要与他们的双亲打交道，看到父母(男孩则面试其父亲，女孩则面试其母亲)，就可以大致想象出这孩子将来的发展情况。

因为雇用的这个人是要用来建设会社的，所以不能马虎、图省事，必须弄清楚他到底是不是能坚持到底的那块料。

在定下录用谁的那天晚上，我一般都要失眠。一想到又要为一个人的一生承担责任，我就差点被太大的责任压垮。

"那孩子能成长为合格的工匠吗？"

"如果不能成为合格的匠人怎么办？"

我一边思考这些问题，一边躺在床上浅睡，常常突然被噩梦惊醒或者出一身臭汗。

特别是在收徒之后的十年间，我因为过于兴奋而睡不着觉的时候是很多的，还出现过做噩梦乱闹的情况。闹得厉害了，妻子就把我压在床上。由于情绪极度不安，曾多次需要人握住手，我才能睡着。

三十年后的今天，因为我已经积累起相当多的经验，且一切均在自己的预料之中，做噩梦乱闹的现象才有所好转。尽管如此，决定录用新学徒的当天晚上，我还是难以入睡。这时我能深切体会到决心雇用一个人是什么滋味。

万一员工辞职，让他们先考虑好退路再请辞

虽然经过多次面试，也得到了父母和老师的支持，我自己又竭尽全力进行教诲，仍然无法杜绝想辞职离去的学徒的出现。这时，我不会硬性阻拦，但一定注意让他们采取一种“预先考虑好退路再辞职的方式”。

以现在干得不顺心为由提出请辞的，我基本上都没有批准，而逃跑则简单得多。因为觉得累而辞职的，他以前在会社所做的工作就都白费了，日后回想起来，一定会深感内疚。

所以我让他们彻底思考辞职的原因，有时还要求把这些原因写在纸上。曾有学徒提交过“辞职理由100条”的报告。

辞职理由明确之后，接下来是制定下一步的具体计划。我要求本人整理自己的思想，然后向家人联系报告，自己说明辞职的原因。

父母通过写在绘图本上的工作报告，也了解自己孩子的努力状况，一般都会劝说不要辞职。通过逃跑的方式辞职不好，这是大家都非常清楚的。他们告诫自己的孩子，不希望他们放弃梦想，好歹坚持做下去。同时也有不少家长给我写信或打电话。

我对学徒们说，如果父母同意你们辞职，你们可以辞，所以请在提出辞职之前，先和父母好好谈谈。然后让他们回家找父母商量，直到双方达成一致意见为止。假如父母同意，他们还须在最后时刻到来之前，办理好相关手续，以确保今后不出任何问题。

什么时候回家，学徒要事先告知；为了确认是否已经到家，学徒到达后必须主动报告；然后再书面办理退职金、保险等手续。对于有些提出辞职想法的学徒，我会先开口这样说："回家去跟你爸妈说说吧，不管花费多长时间都不要紧。如果父母同意你辞职，你就辞。"这个学徒一听马上跑回家去了。一般情况下，十天左右他会返回，请求说："请再给我一次工作机会吧！"

这时，我会对他说："好吧。今天我和你一起去看一场你最喜欢的电影，然后去吃饭。"这一天无论如何也要休息一天。学徒本人因为工作还在，也就放心了，因而非常高兴地重新认识自己的工作问题，决心从头再来。

第五章

成为真正工匠所必备的条件

当今时代需要『一流的工匠』

我从创立公司的那天起就坚信，“三十年后真正意义上需要工匠的时代即将到来”。

话虽这么说，但在当时人们很难理解。在经历战后经济高速成长期之后，日本正在进入经济大国时代，消费者乐于购买大量生产的廉价易购品，无论什么都当成一次性商品进行使用。我在当时就产生了一种危机感，觉得使用那样的商品的同时也在丢弃我们的灵魂和感情。然而，市场对大量生产的商品的需求还在逐年快速增长。

如今，经济高速增长的时代已经结束。

很遗憾，日本并非资源富足的国家，石油、稀有金属等工业资源匮乏，粮食自给率也逐年下降。与其使用廉价的一次性商品，还不如拥有能够长期使用而不坏，且不会让人感到厌烦的优质商品，并世代传承下去。我希望人们珍惜资源和各类物品并由此延伸到重新认识日本曾经拥有的文化。

我认为“工匠”的存在是日本在全球引以为豪的资本之一。值得庆幸的是，最近越来越多的人开始和我考虑同样的问题，他们也说要把秋山木工的家具向全世界推广。但每次碰到有人这样说的时候，我都回答说：“要说在世界范围内推广，与其推广家具，不如推广我们会社的匠人。”

用心制作每件产品而展现出的一流工匠技术，以及蕴藏在这些现象背后的珍惜财物、对客户的信赖充满感激之情的精神，都可以通行于全世界。我认为当今时代，最缺乏的就是工匠。

小的时候，村里的老奶奶曾对我说，“荒年饿不死手艺人”。现在看来，的确回归到了那样的时代——企业破产重组、用人单位单方面解雇员工等消息不绝于耳。终身雇佣制度被废弃，过去的惯常做法已无法适应当下的形势。

此种情况下，掌握一门技能便不愁生计的时代来临了。

在全国技能大赛上夺得金牌的那位工匠，当年十八岁高中毕业后，未及弱冠之年独自从青森县来东京，进了秋山木工会社。入社之初，他显得最笨拙，但他想成为匠人的愿望却最强烈，因此能坚持埋头用工。现在他虽然只有二十四岁，但每月薪水达到了40—50万日元，成了对会社贡献最大的赚钱能手。

他说："现在回想起来，严酷的研修仅有四年，和上大学一样。这期间如果努力，就能掌握一门技术。因为是为自己奋斗，痛苦的日子当然少不了。"

如果每个人都像他那样掌握了一门技术，即使秋山木工关门了，也可以去其他的会社大显身手。实际上，很多家具厂家都要求我将在秋山木工干满八年辞职而去的员工推荐给他们。看到我们会社的学徒，他们知道，经过四年学习，这些孩子就能制作出让客户满意的产品。被人如此看好的匠人，即使身处经济萧条时代，也不愁没有活路。

我希望现在的年轻人能更深入地理解当年我们村那位老奶奶说的话——只要技艺在手，走遍天下也不愁。而且长期"技艺在手"，技艺终将会成为我们的"天职"。我认为日本人体内含有能成为一流工匠的DNA（基因）。那么，所谓"一流工匠"到底是怎样的一种匠人呢？

秋山先生的刨子，刻有“天命”二字

对于工匠来说 重要的不是技术 而是人品

秋山木工每月召开一次全员大会，会议的主要任务是让新入社的员工在会上做自我介绍并朗读写在绘图本上的工作报告。

开会的时候，无论是学徒还是工匠，所有人都必须出席。当着所有人的面，我们公布工资的额度。

在秋山木工，即使是同时入社的学徒，工资也不一样。以前，员工的工资是没有差距的，从七八年前开始，我们拉开了差距，并明确了工资的标准。

技术工资—40%

人品工资—60%

这就是秋山木工的评价标准。

就是说相比单纯的钻研技术，做好事、热心奉献的人获得的工资待遇更高。即使在全国技能大赛上进入了前十名，如果对周围人漠不关心，不能好好指导地后辈，会社也不会给他高工资。对于为什么要这样，在全员大会上我会和本人进行具体对话。

“尽管你的工作做得很好，但却没有他的工资高，知道为什么吗？”我问。

“因为他的教学方法得当，指导和照顾后辈工作做得非常好，所以工资高。”对方规规矩矩地回答。

有人曾经问我，为什么要成为一流的家具工匠必须讲究人品呢？也有人说，工匠的工作就是制作家具，只要毫无保留地教授技术就行了。

但我不那么看，我认为培养工匠和育人是不能分割的。只有品行良好的人，才能制作出精致的产品。能让客户指定为其服务，才是最重要的。从客户的角度来看，他们真正希望的是把工作任务托付给技术精湛、品行优良的工匠，能让客户产生这种愿望的人便是一流工匠。

能让人感动的工匠是真正的工匠

我认为工作是通过感动顾客来获得金钱收益的，任何职业都不例外。

农民通过种植美味的蔬菜和稻米感动用户，作家通过写作优美的文章、书籍来取悦读者，上班族同理。例如电气商品厂家，就是通过制作高性能的产品来让顾客感动的。

我们的家具工匠当然也一样。

我认为家具工匠就是通过家具制作让顾客感动的一种职业。工匠备齐材料，然后设计并动手打成一件家具，这件家具不是一次性产品，而是要使用几十年。我们就是要制作那种能感动客户几代人的家具，这便是工匠的工作。

要想制作出能让客户感动的家具，人性是至关重要的。所以我认为，即使在日常生活中，我们也要注意随时给周围人以感动。感动身边的人，并非说要做什么惊天动地的事，从小事开始即可。

比如，我们会社给客户送货，送货人一定会准备一双袜子带在身上，这已经成了规矩。因为在车间干活时，往往不知不觉就把袜子弄脏了，去顾客处送货，必须在对方的大门口换上干净袜子才能进屋。而且我们在家具装配完毕之后，必须用抹布将地板擦拭干净才能离开。

首先我们要让客户放心。尽管都是些不起眼的小事，如果我们注意做好了，就能收到感动客户的效果。

除此之外，我还鼓励弟子们给客户写致谢信，或者在客户有红白事时拍发电报以示祝贺或吊唁。也许有人认为这是小题大做，但需要写致谢信或拍电报的场合还是很多的。

例如，某天一位下过订单的客户来访。作为客户，其实完全可以空着手来的，但他还是给学徒们带来了包子。

这种情况下，我们会社便要求学徒给客户写致谢信。接受包子礼物的是全体学徒，于是一个学徒写了这样一封信："感谢访问敝社！您下的订单将决定会社今后的命运，请允许我们认真完成它。顺便谢谢您带来的包子！"

另外，曾有一个学徒的奶奶去世了，同事们也给她拍发了表达哀悼之意的电报。内容如下："九十一年人生路，您辛苦了！您的孙子之所以有这么好的人品和同情心，盖因继承了祖母基因的缘故。请您在天国保佑他！"

虽然电报有既定的文体格式，但我拍发电报从不受这些条条框框的限制。因为我们是工匠，即使表达感情，也应该写得有创意。我们要求学徒们不使用晦涩难懂的词语，而是用自己的语言写文章，学徒就像个学徒的样。

我年轻时，因为不会写致谢信，出现了很多失礼的情况。创立会社之后，不少汉字还不会写，在碰到需要写致谢信的时候，只能自己口述，让妻子记录。和我不同的是，现在的孩子都会写字，据说他们总在写，仿佛已经成了习惯。

像这样，总在思考怎么做才能不失礼貌、怎样才能让客户高兴的问题，渐渐地自然就养成了让人感动之心。要达到这个目的，必须始终保持谦虚的态度，举止傲慢是无法让人感动的。而作为量度一个人是否谦虚的尺度之一，孝道是我所特别看重的。

我经常这样告诫自己的弟子："你们了解自己的父母吧，如果你们不知道怎样做能让父母高兴，那么你们也无法取悦于他人！”

首先让最亲近的、生来就熟悉的人接纳自己最重要。

即使愚钝也要干得漂亮

我经常对弟子们说："即使人不聪明，事儿也要干得漂亮！"

查查词典对"どんくさい"的解释，有缓慢、愚笨的意思。但对我来说，它只意味着勤恳、踏实和专心致志。

最近，在工作价值观问题上，主张效率优先的声音越来越多，同时出现了认为拼命工作是羞耻之事的思想倾向。但我不同意这种看法。我认为拼命去做某件事，即使人不够聪明，其态度也是值得肯定的。而且，如果有志气笑到最后，那就是再好不过的事了。就像马拉松比赛，从进入跑道开始就不停地超越对手，并最终获胜那样，始终保持昂扬向上的进取态度。如果是"龟兔赛跑"，则应该学习龟的精神。

倘若还能弄出一个什么别具匠心的设计来就更好了。就拿一只抽屉来说，做工漂亮的抽屉和一般的抽屉

学徒展示自己的练习成果

是有区别的。定制家具中经常出现一个问题，那就是抽屉的实物尺寸和设计尺寸太吻合，导致推拉不畅。因为空气阻力的缘故，虽然抽屉里什么也没有，但推拉起来却仿佛里面装了很重的东西。

完全按照设计尺寸制作很重要，阻力的存在是理所当然的——这是我做学徒时一些前辈的想法。但在我看来，那不过是制作者的自我满足而已。

家具不是作品，而是工具。我们也不是作家，而是匠人。好的抽屉应该是推拉过程中感觉不到任何阻力，使用起来非常顺手的那种。如果考虑到释放空气的问题，抽屉制作就很简单了。

在我的会社，制作抽屉是一定要设计放气结构的。比如在安装抽屉侧板时，我们就避免和底板保持平齐，而是使其高出1毫米。仅仅这点改进，就消除了空气的阻力，使推拉变得顺畅。顾客也经常惊讶于此，说你们的抽屉为什么推拉这么顺畅，我只是回答说在那里使了一点技巧。

另外，很多抽屉存在如下情况：当需要取出放在最里面的东西时，整个抽屉都会脱出来。为了避免这种情况，我们会社制作抽屉时，通常是将抽屉里侧的挡板往外移4—5厘米，这样有了挡板的卡阻，整个抽屉就不会掉出来了。客户使用时也会为其便利性所吸引。这就是令人耳目一新的技巧所在。

我们并非拼命地专啃硬骨头，而是通过踏实、专注地工作，让完成的商品也具有灵性。这就是“即使愚钝也要干得漂亮”的意思。

『多管闲事』『厚脸皮』和『执拗』这三种精神

多管闲事、厚脸皮、执拗。

乍一看，它们都是贬义词。但我认为这三种精神是工匠所必须具备的。下面我将逐一进行解释。顺序打乱，先说“厚脸皮”。

词典对“厚脸皮”的解释是“不知羞耻”，多用于否定意味的场合。但我认为“不知羞耻”“厚脸皮”是非常重要的品质。话虽如此，自己也要做好应对对方反应的思想准备，如果某种“厚脸皮”行为已经导致对方产生厌烦情绪，自己却未觉察，那就只能算是反应迟钝了。所以拥有这些品质的前提是必须对对方先有所认知。

其次，为什么说“多管闲事”很重要呢？

多管闲事在当今社会是最不受欢迎的，稍有不慎就有可能招致怨恨。我们经常能听到一些多管闲事者被回敬“少管闲事！”或“我自己的事自己处理！”等。

既然如此，为什么还说“多管闲事”很重要呢？因为我知道“多管闲事”可以让一个人变好，所以总喜欢管别人的“闲事”。在过去，人们把“多管闲事”看成是理所当然的事。

比如，有孩子在街道上大声吵闹，扰得四邻不安的时候，若在过去，就会有附近的爷爷奶奶辈的人出来喝止并教导他们。而现代社会，体察现场的气氛变得重要了，每个人都知道不能随便上前打扰。如果出现了上述小孩吵闹的事情，所有人都充耳不闻，不会有人站出来制止。

这种状况，我认为是缺乏爱心的表现。

“多管闲事”是对他人的一种积极干涉行为。因为是替对方着想，所以愿意指出对方的错处并教导之。尽管这些事情和自己无关，完全可以放任不管，但正因为是为对方好，所以才说出来、做出来。

据说过去修建宫殿的木匠师傅，几乎就是所在村镇的顾问。他们不仅做木匠活，还关心使用他们产品的客户的生活和情感等问题。同样，站在客户立场上思考，提出怎样做才最好的建议的人，就是一流工匠。我希望我们总能提出自己的方案，以解决客户的疑难问题。

具有这种思想意识的人，即使遇到客户抱怨也能迅速应对。即使主要责任在对方，自己没有什么责任，也能马上前去道歉并做一些有利于客户的事。这样一来，问题自然就好解决，还能让对方产生感激之情。

但“管别人闲事”必须要找准时机。所以后来我一再强调这一点，训练弟子们掌握从我学徒时代流传下来的这个技巧。

最后是关于“执拗”。

无论是“多管闲事”还是“厚脸皮”，如果不能坚持到最后，都是没有意义的。忽冷忽热的“多管闲事”、半途而废的“厚脸皮”，只能徒增麻烦。如果中途放弃，给对方带来的只有烦恼，所以重要的是坚持到底。为对方着想，坚持把“闲事”管到底，把脸皮“厚”到底，最终是能得到对方认可并让对方高兴起来的。

实际上，在这三个方面，我自信不比任何人做得差。这三种精神是我从事工作和教授学徒的立足点，不会改变。我年轻的时候，因为好管闲事的性格，没少惹人生气。例如当听说某个饭馆的菜好吃，或者某部电影精彩之类的消息，我会马上跟周围的人说，并且不厌其烦地絮叨，结果饱受白眼。

爱管闲事总是和他人有关联，对于参加面试者，我也不知不觉就要说上几句。

有些人在笔试过程中就被淘汰了，但他们为了和我见一面，还是前来会社访问。老实说，笔试中被淘汰的人，即使见了面，也没有一个能重获录用的。但只要时间允许，我还是会抽空和他们交流。

“自从辞职以来，就一直躲在家里，闭门不出……能让他和您见上一面吗？”一个孩子的父母直接打电话向我请求。我告诉了他们我的空闲时间，并相约见了面。

这个孩子是通过电视和网络了解到我们公司的，他提出想来秋山木工上班。我重新翻看了他的履历表，发现他辞去工作已经有三个月。

“在这三个月里，你都干了些什么？”我问。他回答说在参加求职活动。我又问参加了几家会社的考试，他说三家。

我顿时惊得目瞪口呆——原来想出去工作只是说说而已，他只是为了敷衍父母而装出找工作的样子。

“你并不是真正想找工作，对吧？只是做做样子，对吧？”在我的追问下，他终于垂下肩膀承认了，并流下眼泪。在随后的三个小时里，我滔滔不绝地跟他说父母是如何看重他，对当前的状况是如何的担心等。

“你知道父母精心抚养你长大，是一件多么了不起的事吗？”

“你是不是觉得自己干什么都不行？的确，一个人认为自己反正一事无成，干脆什么都不干了，那样舒服吗，好吗？”

虽然我的性格决定了和人交流最后都是以说教结束，但与人相遇的机会，往往一生只有一次。通过一次面谈，如能让对方发生一些改变，岂不甚好？本着这样的想法，我总是禁不住要说很多话。对于那些不打算录用的面试者，我尚且愿意为他们的人生出谋划策，自己的弟子就更不用说了。我认为责骂是某种意义上的“多管闲事”，而对于弟子的“多管闲事”就是爱。

我要求那些带后辈学习的前辈学徒们也要“多管闲事”，要彻底考量对方，不要害怕被后辈厌烦。我的会社不允许对问题佯装不知的情况。而且，对于反复出现同一问题的学徒，我总要多次责骂。

无论是谁，一般在挨骂后一周能持续反省，但过了十天就会忘掉，而还原如故。学徒们也一样，被指责一段时间之后，就忘了当时的情景，而重新回到挨骂前的状态。但我“拗劲”的性格胜于弟子们100倍，我反复多次地申斥，直到他们完全改掉坏毛病，并最终认同我的观点为止。

未来的秋山木工

回顾过去，我感觉自己总是处于落后的状态。

在学徒制度行将消失的时候，我搭上了成为工匠的末班车。

我继承学徒制度，坚持过匠人的生活，完全没有打算要干一件全新的事业。学徒制度是日本人自江户时代流传下来的一种做法，我只是在今天持续、有效地利用了江户时代的优秀文化而已。

通过继承学徒制度，我遇到了各种各样的优秀人物，积累了宝贵的经验，并从此走上幸福的人生之路。我现在的心愿就是报答社会，哪怕一点点也好。但个人的力量终究是有限的，现在我能做的，就是尽可能多地培养能通行于全世界的工匠人才。

这些匠人用心制作产品，他们珍视所拥有的一切并心怀感激之情，我希望尽可能多地培养这样一批工匠。

何谓匠人之魂？何谓匠人的自豪感？

如果这种志向被传承给更多的人，那么成长起来的这批工匠就会为我们将这种志向延续到下一代。这样一来，10个人可以带出100个人，100个人可以带出1000个人……匠人的希望将得以传递下去。

匠人活法的传承已经开始。

我们会社培养的匠人已经达到50位，其中包括一些回到家乡创立自己的工房，通过家具产业振兴地方经济的能人。

有个在横滨开设工房的我社毕业生这样说道：

“现在虽然还没有雇用新员工，但将来我希望从头开始培养新人。我们雇用的不是‘来之能战’的人才，而是一些年轻人。通过学习，让他们成为拿得出手的真正的工匠。我希望自己的会社能达成这样的目标。”

在三十年的匠人教育过程中，让我深有感触的是年轻一代的个性正在消失。相比个性培养，现在的教育更重视均一化发展。但要培养工匠，则必须挖掘出每个人被埋没的个性。所谓个性，我认为它不是任性而为。每个人都有不同的个性，大家在产品制作上发挥各自的个性，这就是“匠人”。

我们也有梦想，那就是将来把秋山木工办成一所像学校那样的教育机构。但我知道这并非一件易事。虽然现在入社申请者人数是拟招收人数的10倍，但只有前者达到后者的100倍时，建立教育机构才有可能。

我的另一个梦想是在车站前面兴建一条大型“匠人街”。

日本拥有各行各业的一流工匠，有家具工匠、和纸工匠、油漆工匠、制鞋工匠、制包工匠等等。如果有了专门的设施，就可以把全国各地的一流工匠集中到一起，现场展示各自的绝活，这该是多么好的一件事。路过的孩子们可以参观学习，还可以亲手体验并领略物品制作的乐趣。

我小的时候，就是因为看来村里做活的匠人们的手头动作，而向往成为一名工匠的。我希望在当今时代重现当年的情景。

世人对于“工匠”的印象大多不太好，认为他们顽固、不随和，不能成为会社的员工。但真正的工匠不是这样的。我希望让世人更深入了解一流工匠是怎样的一个群体，希望改变人们对工匠的印象，让匠人的活法为社会所认可并被年轻人所向往。

实际上，我曾计划在六十岁以后回归工匠身份，将秋山木工交给成长起来的弟子们去管理，自己作为一个工匠去做他们留下的工作。现在，我六十六岁，因为力不从心，已经无法实现上述目标了，但我毕生作为一名工匠的信念没有丝毫动摇。其证据是，我始终拥有自己的一套完整的工具（一般的工匠成为师傅后，就会把工具送给弟子们，或处理掉，或束之高阁，不再使用）。而且，在盂兰盆节或过年放假的时候，我还会到空无一人的车间里自己制作椅子，让假期结束归来的员工们大吃一惊。我这样做，是为了向他们展现一个工匠“生命不息，工作不止”的精神。

我希望自己脱离领导岗位，回归工匠身份的心愿终有一天能实现。为此，我要尽可能多地为世界培养工匠，把优秀的日本技术、文化和人性品质继承下去。

秋山木工

秋山会社集体照